从入门到精通

郑磊磊　著

中国商业出版社

图书在版编目（CIP）数据

零基础学DeepSeek从入门到精通 / 郑磊磊著.
北京 : 中国商业出版社, 2025. 5. -- ISBN 978-7-5208-3362-2

Ⅰ. TP18

中国国家版本馆 CIP 数据核字第 2025NJ7240 号

责任编辑：杨善红
策划编辑：刘万庆

中国商业出版社出版发行
（www.zgsycb.com 100053 北京广安门内报国寺 1 号）
总编室：010-63180647 编辑室：010-83118925
发行部：010-83120835/8286
新华书店经销
三河市京兰印务有限公司印刷
*
710 毫米 ×1000 毫米 16 开 10 印张 130 千字
2025 年 5 月第 1 版 2025 年 5 月第 1 次印刷
定价：49.80 元
* * * *
（如有印装质量问题可更换）

前言

在今天这个技术飞速进步的时代，人工智能（AI）正悄然融入我们日常的每一个角落，掀起了一场史无前例的技术革新浪潮。DeepSeek 横空出世，它不仅是 AI 技术的创新，更是一座探索未来、启迪智慧的灯塔。

DeepSeek 本身就充满了深意。在茫茫的数据海洋中，DeepSeek 犹如一艘装备精良的探险船，勇敢地驶向未知的深处，寻找那些隐藏于数据之下的宝藏。这既是对 AI 技术深度挖掘和智能探索的生动描绘，也是对人类不断探索未知、追求智慧的象征。

本书的撰写，源于对 AI 技术的深刻理解和热爱。伴随着 AI 技术的迅猛跃进，我们目睹了它在众多范畴内斩获的卓越功绩。从自主导航车辆到智慧家居，从医疗智能化到金融风险管理，AI 正以空前的速度重塑着我们的全球景观。然而，在享受 AI 带来便利的同时，我们也深刻地意识到，只有深入理解 AI 的底层逻辑和运行机制，才能更好地驾驭这项技术，让它为人类创造更多的价值。

DeepSeek 正是基于这样的理念而诞生的。本书从 AI 的基本概念入手，逐步深入神经网络、深度学习、自然语言处理等核心技术领域。通过生动的案例和详尽的解析，本书带领读者走进 AI 的世界，让读者在领略 AI 技术魅力的同时，也能掌握其背后的原理和方法。

AI 不仅是一项技术革新，更是一种思考模式的转变。它教会我们如何以全新的视角看待世界，如何从海量的数据中提取有价值的信息，如何通过机器学习和深度学习等算法来模拟人类的智慧和行为。这种思考模式的转变不仅加速了科技的跃进，也深刻重塑了我们的日常习惯与工作模式。

与此同时，随着AI技术的持续演进与普及，数据安全、隐私捍卫、伦理规范等议题越发凸显。在确保个人隐私不受侵犯与数据安全无虞的基础上，如何最大化激发AI技术的潜力，成为我们亟待应对与解决的关键挑战。而在这个过程中，希望本书能够为读者提供一些有益的启示和思考。

此外，本书还深入探讨AI在未来的演进趋势与应用展望。随着技术的持续精进与应用领域的不断拓宽，AI将在更多维度上扮演举足轻重的角色。从智能制造到智慧城市，从智能教育到智能医疗，AI将不断推动人类社会的进步和发展。而在这个过程中希望本书能够为读者提供一些前瞻性的视角和思考，致力于辅助读者精准洞察未来的发展趋势，并精准捕捉潜在的机遇。

本书不仅是一部关于AI技术的书籍，更是一本关于探索、创新和智慧的书籍。它鼓励我们勇敢地探索未知领域，不断地学习和创新，以开放和包容的心态积极面对未来的挑战与把握其中的机遇。希望每一位读者都能从本书中汲取到智慧和力量，共同推动人类社会的进步和发展。

在这个充满机遇和挑战的时代，让我们携手共进，以智慧和勇气开创更加美好的未来！

目录

01 DeepSeek 概览与技术基础

第一章 DeepSeek 核心产品与特性

一、DeepSeek 智能检索平台 · · · · · · · · · · · · · 002

二、DeepSeek 自然语言处理引擎 · · · · · · · · · · · 008

第二章 DeepSeek 产品使用指南

一、初始化配置与账号管理 · · · · · · · · · · · · · · · 019

二、有效提问与训练提示语 · · · · · · · · · · · · · · · 028

三、常见陷阱与应对策略 · · · · · · · · · · · · · · · · 033

第三章 DeepSeek 核心产品矩阵解析

一、核心技术优势 · · · · · · · · · · · · · · · · · · · 039

二、专业版产品深度解析 · · · · · · · · · · · · · · · · 045

02 DeepSeek 实战应用与技能提升

第四章 DeepSeek 在智能自动化工作流中的应用

一、跨模态文档处理与数据分析实战 · · · · · · · · · · 054

二、代码全周期管理与自动化生成 · · · · · · · · · · · 062
三、算法交易与量化投资策略的智能化 · · · · · · · · · 071

第五章 DeepSeek 在教育与企业办公领域的实战案例

一、智能作业辅导与论文写作支持 · · · · · · · · · · · 079
二、企业办公自动化与智能化升级 · · · · · · · · · · · 091
三、内容创作与传播的智能化探索 · · · · · · · · · · · 097

第六章 DeepSeek 在科研、专业领域与家庭场景的创新应用

一、科研论文数据可视化与分析支持 · · · · · · · · · · 107
二、专业领域智能化解决方案的定制 · · · · · · · · · · 113
三、家庭场景下的个性化智能服务 · · · · · · · · · · · 118

03 DeepSeek 未来发展与趋势展望

第七章 DeepSeek 使用技巧与优化建议

一、数据安全与隐私保护 · · · · · · · · · · · · · · · 128
二、系统性能优化与资源管理 · · · · · · · · · · · · · 134
三、故障排查与解决方案 · · · · · · · · · · · · · · · 139

第八章 DeepSeek 未来发展与趋势

一、产品更新计划与路线图 · · · · · · · · · · · · · · 145
二、用户社区与合作伙伴生态 · · · · · · · · · · · · · 149

01

DeepSeek 概览与技术基础

第一章

DeepSeek 核心产品与特性

作为人工智能领域的佼佼者，DeepSeek 凭借自研大模型技术，精心打造了一系列前沿产品。这些产品不仅在自然语言处理、多模态交互上大放异彩，更在智能推荐、数据分析等关键领域展现出非凡实力。接下来，让我们一起走进 DeepSeek 的世界，领略其核心技术与独特魅力。

一、DeepSeek 智能检索平台

（一）平台架构与关键技术

DeepSeek 智能检索平台，作为人工智能领域的一颗璀璨新星，正以其卓越的技术创新和广泛的应用潜力，引领着智能搜索与 AI 发展的新纪元。该平台由杭州深度求索人工智能基础技术研究有限公司推出，集成了自然语言处理（NLP）、计算机视觉（CV）、强化学习（RL）以及多模态融合等前沿技术，旨在通过深度理解用户意图、上下文及多模态数据，提供精准、高效和个性化的搜索结果和推荐服务。

1. 平台架构

DeepSeek 智能检索平台的架构设计兼顾了高效性、可扩展性和用户友好性，其核心组件包括数据预处理层、模型训练与推理层、应用接口层以及用户交互层。

（1）数据预处理层

数据预处理层是 DeepSeek 智能检索平台的基石。该层负责从互联网、书籍、学术论文等多元化渠道收集海量文本、图像及视频等多模态数据，并快速进行数据清洗、标注和分割，以确保数据的质量和准确性。通过去除噪声数据、标记文本类别、提取图像特征等步骤，为后续的模型训练提供高质量的数据基础。

（2）模型训练与推理层

模型训练与推理层是 DeepSeek 智能检索平台的核心。该层采用了先进的深度学习模型和算法，包括 Transformer 架构、混合专家（Mixture of Experts, MoE）模型、强化学习等，进行模型的训练和推理。通过分布式训练框架（如 TensorFlow Distributed、PyTorch Distributed）和混合精度训练技术，DeepSeek 可以高效地训练大规模模型，并在推理阶段实现快速响应。此外，该层还支持模型的持续学习和更新，确保平台能够不断适应用户需求的变化。

（3）应用接口层

应用接口层为开发者提供了丰富的 API 接口和 SDK 工具，使他们能够将 DeepSeek 的智能检索功能集成到自己的应用中。无论是电商平台、医疗系统还是教育平台，都可以通过调用这些接口实现智能化升级，提高用户体验和运营效率。

（4）用户交互层

用户交互层是 DeepSeek 智能检索平台与用户之间的桥梁。该层提供了直观、简洁的用户界面和交互体验，使用户能够轻松输入查询意图并获取精准的搜索结果。同时，该层还支持多模态输入和输出，如文本、图像、语音等，实现不同模态之间的联合理解和生成，为用户提供更加丰富的搜索体验。

2. 关键技术

DeepSeek 智能检索平台之所以能够在众多 AI 平台中脱颖而出，是因为其背后的关键技术。

（1）Transformer 架构

Transformer 架构是 DeepSeek 平台的核心技术之一。该架构利用自注意力机制（Self-Attention Mechanism）有效处理序列数据中的长距离依赖关系，在自然语言处理等任务中表现出色。DeepSeek 通过引入稀疏注意力机制（Sparse Attention Mechanisms）和混合专家模型，进一步提高了模型的效率和准确性。

（2）混合专家模型

混合专家模型是 DeepSeek 平台的另一项关键技术。该模型能将繁复问题拆解为多个子课题，交由各具专长的“专家”网络进行处理。这些“专家”是针对特定领域或任务训练的小型神经网络，如语法、事实知识或创造性文本的生成。通过稀疏激活和动态路由算法，DeepSeek 能够在资源有限的情况下实现大规模模型的高效运行，同时保持极高的性能和可扩展性。

（3）强化学习与奖励工程

DeepSeek 在模型训练中广泛应用强化学习和奖励工程。通过试错机制和环境反馈优化模型的决策能力，特别是在推理和解决复杂问题方面，DeepSeek 开发了一种基于规则的奖励系统，用于指导模型学习，大大提高了训练效率和模型在逻辑推理任务中的表现。

（4）知识蒸馏模型

知识蒸馏模型是 DeepSeek 平台的一项重要训练技术。该技术能够将大型模型获取的知识传递给小模型，进而提升小型模型的逻辑判断能力。通过知识蒸馏，DeepSeek 能够在硬件资源受限的情况下保持竞争力，为用户提供低成本、高效率的智能检索服务。。

（5）多模态融合

DeepSeek 系统具备处理多种数据形式的能力，包括文字、视觉和声音等。借助跨领域整合技术，该系统可完成各类数据形式的协同分析与创作，从而为用户带来更全面的信息获取方式。举例来说，使用者仅需输入文字说明，系统便可自动创建与之对应的图片或动态影像。

DeepSeek 智能检索平台以其卓越的平台架构和关键技术，在人工智能领域展现出强大的竞争力和应用潜力。随着技术的不断进步和应用场景的拓展，DeepSeek 有望在更多领域实现突破，为用户提供更加智能、便捷、个性化的搜索服务。与此同时，DeepSeek 将持续致力于人工智能技术的推广与运用，为社会的演进与革新注入新的契机与转变。

（二）数据处理与检索效率

在数字化时代，数据处理与检索已成为各行各业不可或缺的重要环节。随着数据量呈爆炸式增长，如何高效、准确地处理与检索数据成为企业和个人面临的巨大挑战。在这样的背景下，DeepSeek 作为一款集成先进人工智能技术的智能工具，以其卓越的数据处理与检索能力，迅速赢得了职场人士的青睐。

1. 数据处理

在数据处理领域，DeepSeek 彰显了卓越的性能效率。该平台具备自动检测与净化不规则数据、空缺数值等功能，保障了信息的精确性与完备性。这种智能化的处理方式不仅减少了人力操作的时间投入，还显著提升了信息处理的效能。如图 1-1-1 所示。

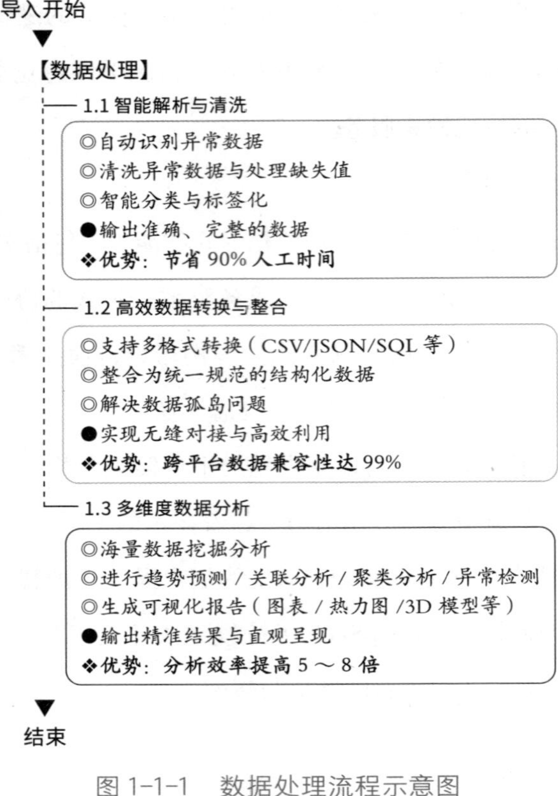

图 1-1-1　数据处理流程示意图

（1）智能解析与清洗

在数据处理过程中，DeepSeek 能够自动识别并清洗异常数据，处理缺失值等，在信息处理环节中有效维护了数据的精确度与完备性。同时，它还能根据用户需求对数据进行智能分类与标签化，为后续的数据分析和检索提供便利。这种智能化的数据清洗和预处理过程，大大节省了人工操作的时间成本，提高了数据处理的效率。

（2）高效数据转换与整合

DeepSeek 具备多源异构数据的转换与融合能力，可高效实现各类格式数据的标准化处理，将分散的、格式各异的信息资源迅速整合为统一规范的结构化数据。这一功能在处理跨平台、跨系统的数据时尤为实用，能够有效解决数据孤岛问题，实现数据的无缝对接与高效利用。

（3）多维度数据分析

DeepSeek 拥有强大的数据解析功能，能够对大规模信息进行多角度、深层次的探索与剖析。无论是趋势预测、关联分析，还是聚类分析、异常检测，DeepSeek 都能提供精准的结果和可视化的报告。这一智能化的信息处理机制，不仅增强了数据解析的精确度与效能，更为使用者带来了更为清晰、易于理解的可视化展现形式。

2. 检索效率

DeepSeek 采用先进的语义理解技术，能够深入理解用户查询的意图和上下文关系，实现精准的信息匹配。同时，DeepSeek 还具备智能推荐和过滤功能，能够根据用户的查询历史和兴趣偏好，自动推荐相关信息和资源。

（1）精准语义匹配

区别于传统的关键词匹配模式，DeepSeek 具备识别文本深层含义与语义关系的能力，进而为用户呈现更为精准、完整的搜索反馈。

（2）智能推荐与过滤

该系统能够依据使用者预设的筛选参数，迅速定位满足特定要求的数据内容，从而显著提升信息查询的精准度和处理速度。

（3）跨平台检索与整合

DeepSeek 支持跨平台检索，能够同时搜索多个数据库、网站和社交媒体平台上的信息。这种跨平台的检索能力，使用户能够一次性获取来自不同渠道的信息资源，大大提高了信息检索的广度和深度。同时，DeepSeek 还能将这些信息进行整合和归纳，为用户提供更加全面、系统的信息呈现。

二、DeepSeek 自然语言处理引擎

(一) NLP 技术基础与应用场景

在人工智能技术迅猛发展的当下，作为其重要组成部分的 NLP 领域，正日益彰显其广阔的发展前景和应用价值。作为一款基于深度学习技术的智能搜索引擎，DeepSeek 不仅在 NLP 技术上取得了显著突破，更将这一技术广泛应用于多个领域，为人们的生活和工作带来了前所未有的便捷与智能。

1. NLP 技术基础

NLP 技术的主要目标是使计算机能够解析、生成并有效处理人类语言，从而实现人机之间的自然交互。DeepSeek 在 NLP 技术上的基础主要涵盖几大方面。如图 1-2-1 所示。

图 1-2-1　自然语言理解与分析

(1) 文本预处理

这是 NLP 任务的起点，涉及分词、去除停用词、词干提取等步骤。DeepSeek 利用先进的算法和模型，对输入文本进行精确处理，为后续任务打下坚实的基础。

（2）词嵌入（Word Embedding）

词嵌入方法通过将词汇投射至低维度向量空间，从而有效提取语义特征。DeepSeek 采用先进的词嵌入方法，如 BERT、GPT 等，使模型能够更准确地理解词语间的语义关系，提升后续任务的性能。

（3）语义理解

借助 NLP 技术，DeepSeek 得以解析用户查询的深层含义。这一过程主要运用了语义角色标注（Semantic Role Labeling，SRL）和句法解析等方法。通过这些先进技术，DeepSeek 能够精确把握用户查询的真实意图和相关语境，从而为用户呈现更加准确的搜索结果。

（4）序列到序列模型（Seq2Seq）

这是 NLP 技术领域的核心技术之一，广泛应用于机器翻译、文本自动生成等多项任务中。DeepSeek 利用 Seq2Seq 模型，实现了高效的文本生成和翻译功能，为用户提供了跨语言的信息交流服务。

（5）强化学习

在 DeepSeek 中，强化学习主要用于优化搜索结果的排序和个性化推荐。通过分析用户的历史行为数据，DeepSeek 使用强化学习算法动态调整搜索结果的排序，为用户提供更符合其需求的搜索结果。

2. 应用场景

DeepSeek 的 NLP 技术广泛应用于多个领域，为用户提供了丰富的智能服务。

（1）智能客服

DeepSeek 的 NLP 技术赋予智能客服系统理解用户自然语言查询的能力，通过上下文关联分析，能够进行连续对话交互，并提供精确的解决方案与支持。这项技术不仅优化了客户服务的响应速度，同时显著改善了用户的使用感受。如图 1–2–2 所示。

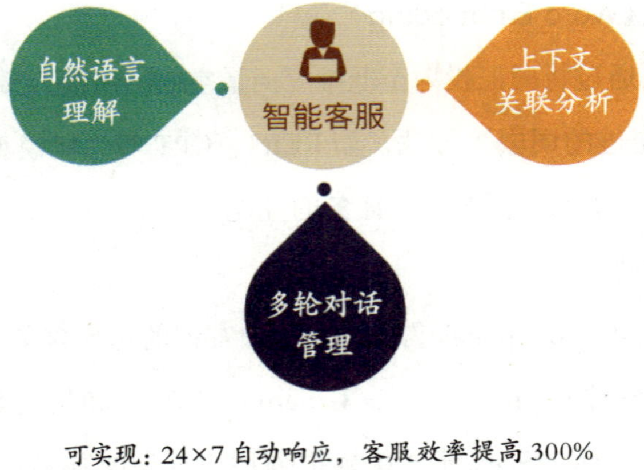

自然语言
理解
智能客服
上下文
关联分析
多轮对话
管理
可实现：24×7 自动响应，客服效率提高 300%

图 1-2-2　智能客服应用场景

（2）文档分析

DeepSeek 具备高效处理海量文档的能力，可迅速提取核心内容，并实现信息的系统化分类与整合。通过知识图谱构建，信息得以结构化关联和可视化，提升应用价值。这在企业信息管理、学术研究等领域具有广泛应用价值。如图 1-2-3 所示。

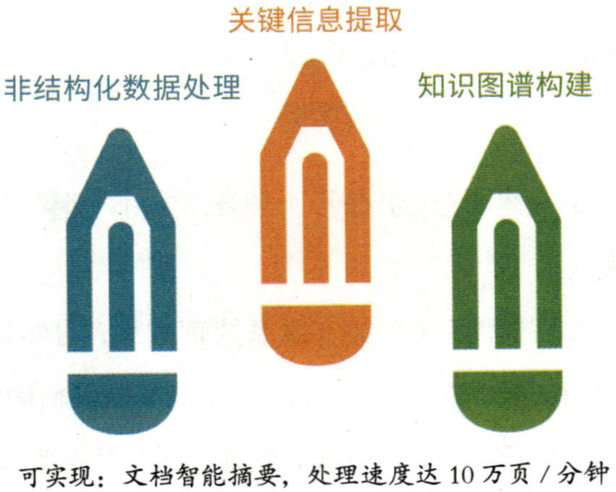
关键信息提取
非结构化数据处理
知识图谱构建
可实现：文档智能摘要，处理速度达 10 万页 / 分钟

图 1-2-3　文档分析应用场景

(3) 多语言交互

借助 NLP 技术，DeepSeek 实现了跨语言的文本生成和翻译功能。这一功能让使用者能够突破语言樊篱，实现跨国界的信息沟通与交流。如图 1-2-4 所示。

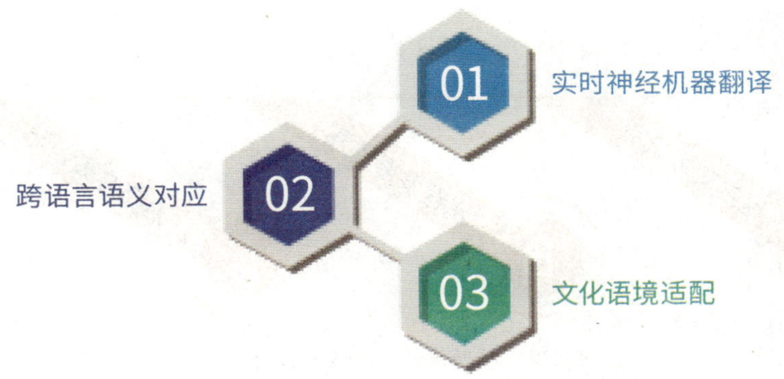

可实现：支持 50+ 语种互译，准确率达 98.7%

图 1-2-4　多语言交互应用场景

(4) 智能推荐

DeepSeek 运用 NLP 技术，结合用户的历史行为数据与个人偏好，通过用户画像建模，实现了个性化推荐功能。无论是商品信息、时事新闻还是教育资源，都能为用户提供高度精准的定制化推荐服务。如图 1-2-5 所示。

可实现：个性化推荐，点击率提高 45%

图 1-2-5　智能推荐应用场景

(5) 医疗健康

在医疗保健行业，DeepSeek 的 NLP 技术为医师提供了疾病识别、药品开发及定制化诊疗方案的有力支持。通过分析医学影像和病历数据，DeepSeek 能够快速定位病灶，提高诊断效率，为医生提供有力的辅助决策支持。如图 1-2-6 所示。

可实现：辅助诊断，准确率上升 40%

图 1-2-6 医疗健康应用场景

(6) 智能制造

在工业生产中，DeepSeek 的 NLP 技术可用于预测性维护和质量控制。通过解析设备运行参数与故障历史，能够预判设备潜在问题并实施预防性维护，有效减少设备停机时间，提升生产效能。如图 1-2-7 所示。

可实现：预测性维护，停机时间降低 60%

图 1-2-7 智能制造应用场景

(7) 智慧城市

DeepSeek 的 NLP 技术为城市治理提供了智能化的决策支持。该系统通过整合分析交通运行、环境监测及公共安全等领域的多源数据，为城市管理者提供科学决策依据，推动城市向可持续方向发展。如图 1–2–8 所示。

图 1-2-8　智慧城市应用场景

DeepSeek 凭借在 NLP 技术上的深厚积累和广泛应用，正在推动各行各业向智能化、数字化方向转型。未来，随着技术的不断演进和应用领域的拓宽，DeepSeek 将充分发挥其在自然语言处理领域的技术优势，为用户带来更加智能化、更高效便捷的服务体验。

(二) 语义理解与文本生成能力

当下，作为自然语言处理领域的两大核心支柱，语义理解与文本生成能力正以前所未有的速度推动着信息检索、智能交互、内容创作等多个领域的变革。

1. 技术基础：深度学习驱动的创新引擎

DeepSeek 的语义理解与文本生成能力，根植于其强大的深度学习模型。这些模型通过海量文本数据的训练，习得了语言的复杂规则与语义特性，从而能够准确理解用户查询意图并进行快速响应。

（1）语义理解

DeepSeek 采用了先进的自注意力机制和 Transformer 架构，这些技术使模型能够更准确地捕捉关键信息，理解多义词在不同上下文中的具体含义。同时，通过引入预训练语言模型（如 BERT、GPT 等），DeepSeek 进一步提升了模型的语义理解能力，使其能够更好地适应各种复杂场景。这些经过大规模文本训练的预训练模型，通过深度学习积累了深厚的语言知识与语境理解能力，从而使 DeepSeek 在自然语言处理任务中展现出更高的准确性与处理效率。

（2）知识图谱和语义网络

DeepSeek 系统结合了知识图谱和语义网络等先进技术，进一步增强了其语义理解能力。知识图谱通过构建实体、属性和关系之间的复杂网络，为 DeepSeek 提供了丰富的背景知识和上下文信息，使其能够更深入地理解用户查询的语义内容。而语义网络则通过定义和推理语义关系，帮助 DeepSeek 在理解和生成文本时保持逻辑一致性和语义准确性。这些技术的结合，使 DeepSeek 在语义理解和文本生成方面达到了前所未有的高度。如图 1-2-9 所示。

（3）文本生成

DeepSeek 采用了自回归生成和编码器 – 解码器架构，这些技术使得模型能够根据输入提示和上下文信息，生成逻辑连贯、语义准确的文本。通过不断优化生成算法和引入创新技术，DeepSeek 的文本生成能力已经达到前所未有的高度，能够生成高质量的文章、诗歌及广告文案等多种类型的内容。

2. 核心优势：精准理解，高效生成

DeepSeek 的语义理解与文本生成能力，具有以下四个核心优势。

（1）精准理解

DeepSeek 能够准确识别用户查询中的关键词和语义关系，理解多义词在

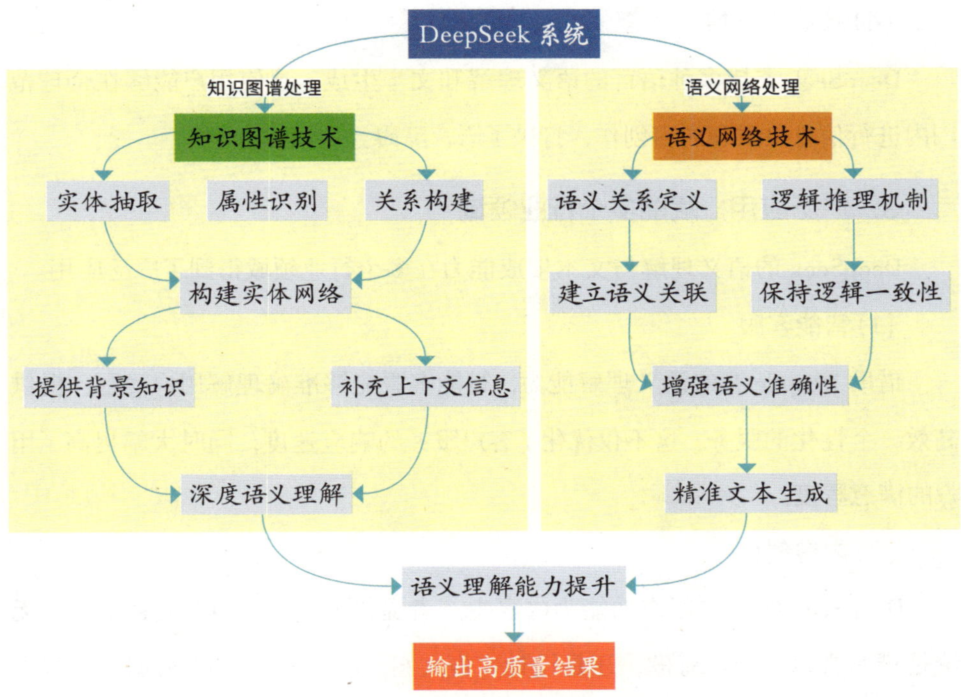

图 1-2-9 知识图谱和语义网络

不同上下文中的具体含义。这使 DeepSeek 在处理复杂查询时，能够找到语义上真正相关的内容，提高搜索结果的准确性和相关性。

(2) 高效生成

DeepSeek 具备卓越的文本创作能力，可快速产出大量优质文本内容。这不仅满足了用户对快速获取信息的需求，还为内容创作者提供了强大的辅助工具。

(3) 可定制性

DeepSeek 在语义解析与文本创作方面展现出强大的可定制性。用户可以根据自己的需求，调整模型的参数和设置，以获得更符合自己期望的搜索结果和生成内容。

(4) 跨语言支持

DeepSeek 支持多种语言的语义理解和文本生成，这使用户能够在全球范围内进行信息检索和内容创作，打破了语言障碍。

3. 广泛应用：赋能多个行业领域

DeepSeek 的语义理解与文本生成能力在多个行业领域得到了广泛应用。

(1) 智能客服

借助 DeepSeek 的语义理解能力，智能客服能够准确理解用户问题，提供高效、个性化的服务。这不仅优化了客户服务的响应速度，同时大幅提高了用户的满意程度。

(2) 内容创作

DeepSeek 的文本创作功能为内容生产者提供了有力的辅助支持工具。无论是撰写文章、创作诗歌，还是设计广告文案，DeepSeek 都能根据用户需求生成高质量的内容，提高了创作效率和质量。如图 1-2-10 所示。

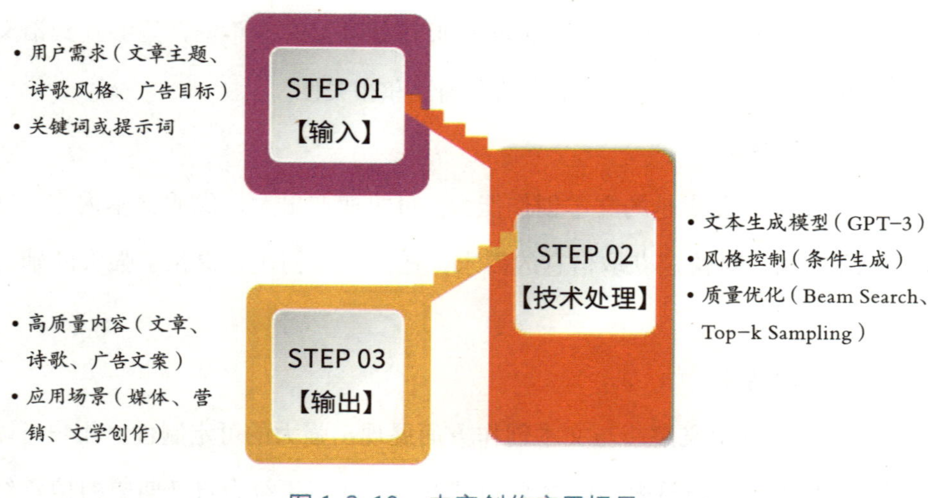

图 1-2-10　内容创作应用场景

（3）教育辅导

在教育领域，DeepSeek 的语义理解与文本生成能力可用于智能辅导系统。能够针对学生的提问与作业表现，提供定制化的解答与学习建议，从而有效提升学生的知识掌握程度。如图 1-2-11 所示。

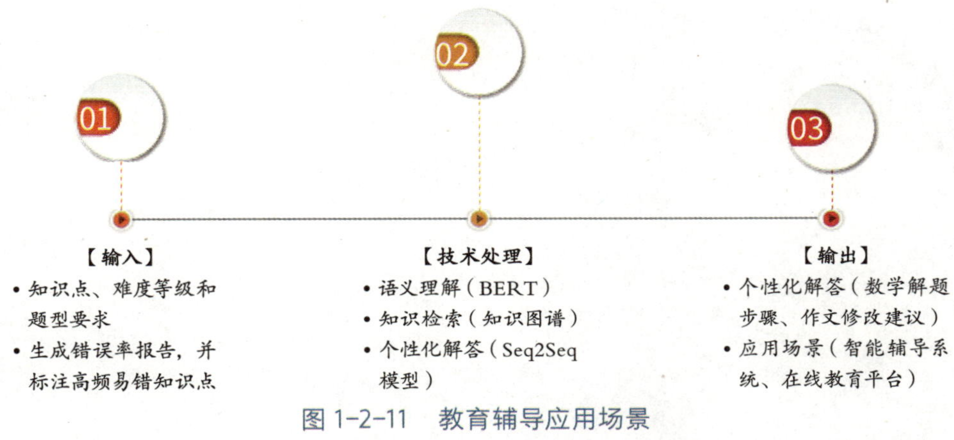

图 1-2-11　教育辅导应用场景

（4）医疗健康

在医疗健康领域，DeepSeek 能够辅助医生进行病历分析、药物研发等工作，凭借对医学资料及病患记录资料的深刻解析，助力医师获取坚实的诊断辅助。

（5）智能推荐

DeepSeek 依据对用户过往行为记录及偏好的深度剖析，凭借强大的语义解析与文本创造功能，实现定制化内容推送。不论是商品选购、新闻浏览还是学习资源获取，DeepSeek 均能确保向用户呈现精确且贴合个人喜好的推荐服务。

DeepSeek 凭借自身卓越的语义理解与文本生成能力，正在逐步改变人们对信息获取和表达方式的理解。未来，随着技术的日新月异与应用的广泛深化，DeepSeek 将持续展现其在自然语言处理领域的卓越能力，致力于为用户提供更为智能、高效的信息服务体验。

第二章

DeepSeek 产品使用指南

DeepSeek 产品的使用，将使用户踏入一个由智能科技精心编织的数据分析殿堂。作为探索数据奥秘的得力助手，DeepSeek 从数据的采集、清洗到深度分析，每一步都蕴含着无限可能。让我们一同揭开 DeepSeek 的神秘面纱，开启一段充满智慧与洞见的旅程，共同探索数据的无限价值。

一、初始化配置与账号管理

（一）用户账号创建与使用

通过简单的注册与登录流程，用户可以开启 DeepSeek 的智能之旅，享受它为您带来的无限可能。无论是工作学习中的难题解答，还是创意灵感的激发，DeepSeek 都会是不可或缺的得力助手。

1. 网页版 DeepSeek 的注册与登录

（1）访问 DeepSeek 官网：https://www.deepseek.com/，点击“开始对话”板块。如图 2-1-1 所示。

图 2-1-1　DeepSeek 首页

（2）点击“注册”按钮，输入手机号、微信或邮箱作为账号，并设置密码，建议采用“大小写字母 + 数字”的组合，以提高账号安全性。部分情况下，可能需要完成验证码验证，如短信验证码或图形验证码，以确保注册信息的准确性。如图 2-1-2 所示。

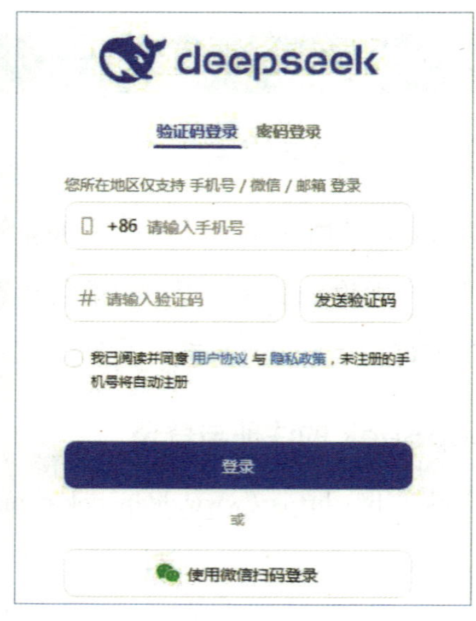

图 2-1-2　DeepSeek 注册与登录界面

（3）注册成功后，使用注册邮箱和密码登录 DeepSeek，随即进入输入界面。如图 2-1-3 所示。

图 2-1-3　DeepSeek 输入界面

2. 手机版 DeepSeek 注册与登录

（1）点击网页版 DeepSeek 官网，将鼠标移至“获取手机 App”板块，随后扫描弹出的二维码，便可下载手机版 DeepSeek。如图 2-1-4、图 2-1-5 所示。

图 2-1-4　DeepSeek 手机 App 下载导航

图 2-1-5　DeepSeek 扫码下载界面

（2）根据需求选择相应的下载渠道。需要注意的是，在进行下载操作前，确保手机已连接互联网，并已开启相应的下载权限。

（3）点击“注册”或“登录”按钮，填写相关信息完成注册，进入对话框。如图 2-1-6 所示。

图 2-1-6　DeepSeek 手机版界面

3. 功能区详解

DeepSeek 是一款功能强大的 AI 工具，其功能区涵盖了多个方面，以满足不同用户的需求。

（1）使用模型

默认情况下，DeepSeek 使用的是 V3 模型，点击“深度思考”按钮便会切换为 R1 模型；默认情况下，DeepSeek 使用的是几个月前的训练数据，如果需要参考最新的新闻与数据，则需点击“联网搜索”，让 DeepSeek 基于最新的网络数据来优化回答。如图 2-1-7 所示。

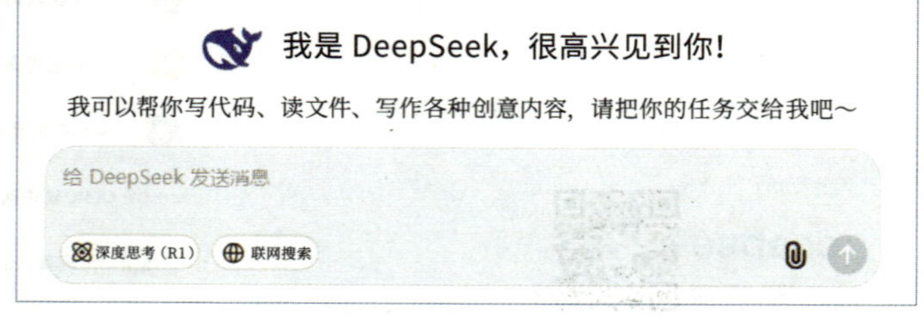

图 2-1-7　DeepSeek 对话框界面

（2）输入框

在输入框直接输入文字，或者右击选择“粘贴”选项，可粘贴已复制文字内容。然后点击“Enter” 发送。

（3）历史记录

点击面板左侧“打开边栏” 按钮，显示所有对话记录。点击历史对话标题，可直接跳转。如图 2-1-8 所示。

图 2-1-8　DeepSeek 历史记录界面

（4）上传附件

点击输入框右侧“回形针” 图标按钮，即可上传文件，支持文件类和图片类资料，一次性可上传 50 个附件，每个文件大小不可超过 100MB。如图 2-1-9 所示。

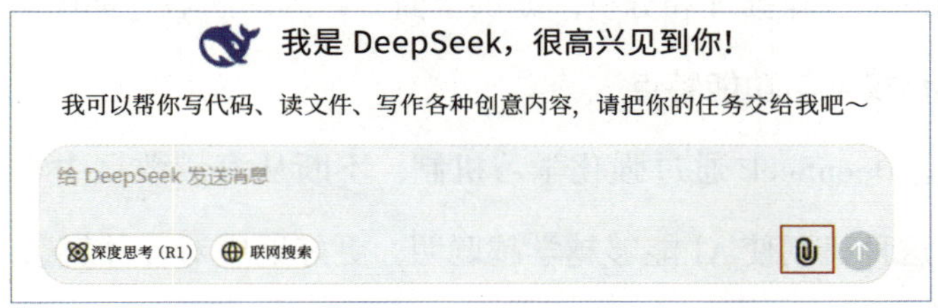

图 2-1-9　DeepSeek 上传附件按钮

(5) 拍照、图片识别文字

在手机版 DeepSeek 中，可以通过拍照或是图片识别文字提取并输入输入框内。如图 2-1-10 所示。

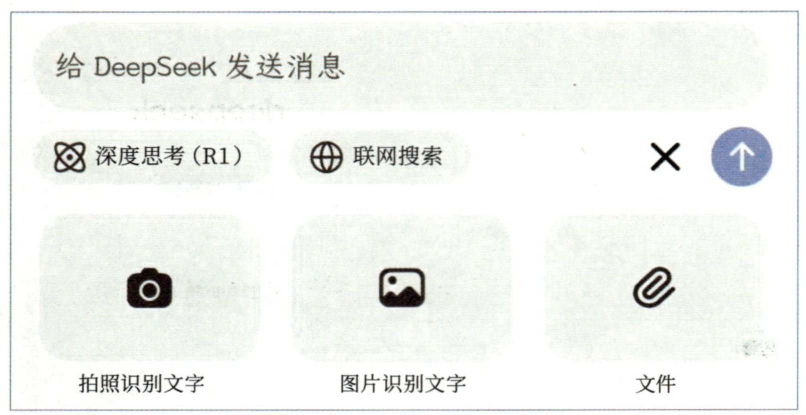

图 2-1-10　DeepSeek 识别文字按钮

(二) 深度思考与联网搜索

深度思考和联网搜索两个功能的结合，使得 DeepSeek 成为一个既能够深入分析问题，又能够紧跟时代步伐的智能工具。

1. 深度思考功能

DeepSeek 的深度思考功能是其引人瞩目的特性之一，该功能使 AI 能够进行复杂问题的多步骤推理和分析，提供全面、详细的解答。如图 2-1-11 所示。

(1) 核心技术与功能特点

一方面，DeepSeek 通过强化学习机制，不断从海量数据中学习并积累知识和经验。这种机制使 AI 能够越学越聪明，更好地应对各种复杂问题。

另一方面，借助思维链技术，DeepSeek 能够将复杂问题拆解成多个小问

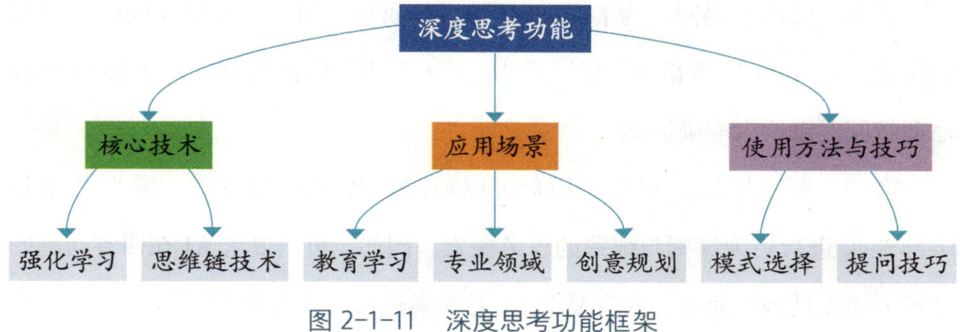

图 2-1-11 深度思考功能框架

题，并逐步进行推理分析。这种技术保证了逻辑清晰，使 AI 能够给出答案的同时，也展示其思考过程。

（2）应用场景与优势

在教育学习中，DeepSeek 的深度思考功能可以帮助学生深入理解问题，培养思辨能力。例如，在解决数学问题时，AI 会先厘清条件，再分步骤给出答案，让学生清晰看到解题过程。

在专业领域，如法律、医学等，DeepSeek 能够结合行业术语和规则，给出专业且准确的解答。同时，它还能从不同角度、不同层面来分析问题，帮助用户看到问题的全貌。

在创意规划方面，DeepSeek 的深度思考功能可以帮助用户生成创新性的想法和解决方案。通过拆解问题、分析条件，AI 能够生成多种可能性，为用户提供灵感。

（3）使用方法与技巧

第一，要选择正确的模式。对于简单问题，如日常问答、写诗等，可以使用 DeepSeek 的常规模式。而对于复杂问题，如逻辑推理、数学计算等，则需要启用深度思考模式。

第二，要精准提问。为了提高 AI 的回答质量，用户需要提出明确且具体的问题。可以使用“身份 + 目标”或“场景 + 需求”的提问方式，帮助 AI 更好地理解问题以给出准确答案。

第三，要引导深入思考。用户可以通过巧妙提问的方式，激发并引导 DeepSeek 进行更为深刻与细致的思考探索。例如，可以要求 AI 在回答问题的过程中加入批判性思考，或者要求 AI 对答案进行多次复盘和验证。

2. 联网搜索功能

DeepSeek 的联网搜索功能允许用户实时访问互联网上的信息，从而获取最新的新闻、数据、研究成果等。这一功能使 DeepSeek 不再是一个局限于本地数据库或知识库的搜索工具，而是一个能够紧跟时代步伐、提供最新资讯的智能搜索引擎。

（1）联网搜索功能特点

具有实时性。DeepSeek 具备即时捕捉与更新网络资讯的能力，从而保障用户能够接收到最新且最精确的信息内容。这对于需要跟踪行业动态、了解最新研究成果的用户来说尤为重要。

具有全面性。DeepSeek 的联网搜索功能覆盖了广泛的互联网资源，包括新闻网站、学术论文、社交媒体等，确保用户能够从多个角度获取所需信息。

具有智能性。DeepSeek 凭借尖端的自然语言处理与机器学习算法，精准把握用户查询需求，返回高度相关的搜索结果。同时，它依据用户的搜索记录及个人喜好，定制个性化推荐。

（2）联网搜索功能的应用场景

一是进行新闻追踪。用户可以利用 DeepSeek 的联网搜索功能，实时追踪国内外重大新闻事件，了解最新动态。

二是进行学术研究。对于学者和研究人员来说，DeepSeek 的联网搜索功能可以帮助他们快速找到相关的学术论文、研究报告和数据资源，为研究工作提供有力支持。

三是进行市场调研。企业可以利用 DeepSeek 的联网搜索功能，收集行业信息、竞争对手动态和消费者需求，为市场策略的制定提供数据支持。

四是用于日常生活。在日常生活中，用户可以通过 DeepSeek 的联网搜索功能，查询天气、交通、餐饮等信息，为出行和生活提供便利。

3. 深度思考与联网搜索的区别

深度思考与联网搜索是 DeepSeek 提供的两种截然不同的功能，它们各自具有独特的特点和优势。如表 2-1-1 所示。

深度思考功能侧重于对信息的处理、分析和生成。它模拟人类的逻辑推演过程，能够解答复杂问题，进行逻辑推理，或者生成内容。这一过程会显示 DeepSeek 的推理分析路径，输出答案是经过深度思考后得出的，具有逻辑性和专业性。然而，深度思考功能在获取最新网络信息方面存在局限性，无法回复时效性强的内容。

相比之下，联网搜索功能则专注于信息检索，能够快速找到已有的信息。它实时从互联网获取最新数据，并对搜索结果进行语义理解与总结，为用户提供简洁、准确的回答。联网搜索功能在处理实时信息查询、事实验证、多源信息整合等方面表现出色。然而，它主要回答不需要逻辑思考的简单问题，对于一些复杂问题可能无法给出满意的答案。

需要注意的是，尽量不要同时勾选深度思考和联网搜索功能，以免降低 AI 的智能表现。

表 2-1-1 深度思考与联网搜索的区别

模式	特点	使用场景	示例
深度思考	▪ 调用复杂推理能力 ▪ 基于非实时的模型内部知识库 ▪ 生成结构化分析	需要逻辑推演、多角度分析的问题	▪ 提问:“对比新能源汽车与燃油车的长期成本” ▪ 回复:“高里程用户（如年行驶 2 万多公里）：新能源汽车总成本优势明显，5 年可节省 10 多万元。 低里程用户：燃油车可能更划算。电池成本降低、充电设施完善将增强新能源车优势 建议：重视长期经济和充电便利者选新能源车；短期持有或充电不便者，燃油车更稳妥”
联网搜索	▪ 实时访问互联网最新信息与资料 ▪ 整合外部数据源结果 ▪ 有概率附带来源引用	偏重时效性或是模型知识库以外的事件	▪ 提问:“搜索 2024 年全球电动汽车销量前三的品牌” ▪ 回复:“特斯拉以 129.37 万辆位居第一，比亚迪以 116.96 万辆紧随其后，吉利位列第三”
两者都不选	▪ 快速生成简单回答 ▪ 依赖模型预训练知识 ▪ 无额外扩展	简单事实确认或常识性问题	▪ 提问:“圆周率前 10 位” ▪ 回复:“3.141592653”

二、有效提问与训练提示语

（一）有效提问的黄金法则

使用 DeepSeek 时，掌握以下法则，并遵循提示语指令流程，如图 2-2-1 所示，将更快获得精准帮助，同时提升自身问题分析与表达能力。

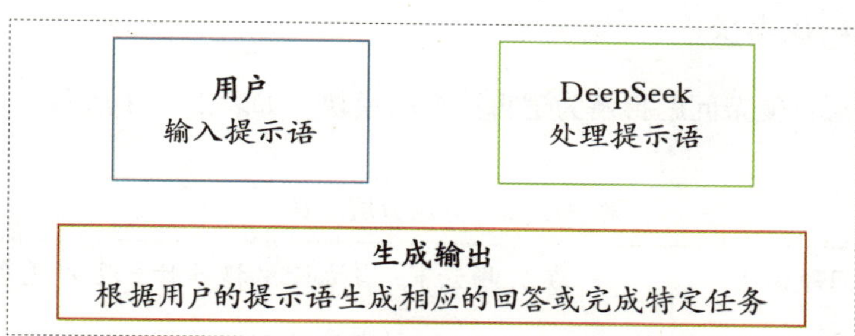

图 2-2-1 提示语指令流程

1. 明确核心目标

关键点：提问前清晰定义你希望解决的具体问题或达成的目标。

低效提问："这个代码有问题，怎么办?"

高效提问："Python 中如何将字符串'2024-10-01'转换为日期格式，并计算与当前日期的差值?"

2. 提供充分背景

关键点：描述问题的上下文，包括环境、工具版本、操作步骤等。

必含信息：使用的工具 / 软件及版本（如 DeepSeek-API V2.3）、复现问题的具体步骤、相关代码 / 配置片段（脱敏后）、已尝试的解决方法和结果。

3. 具体化与聚焦

避免模糊表述：用精准的语言替代笼统描述。

错误表述："运行不了"；正确表述："执行时报错'TypeError: undefined is not a function'。"

错误表述："结果不对"；正确表述："预期输出应为 JSON 数组，但实际返回了空值。"

4. 结构化表达

分点分层：复杂问题拆解为逻辑清晰的模块。如表 2-2-1 所示。

表 2-2-1　分点分层表达

1	问题描述	在 X 场景下，当执行 Y 操作时出现 Z 现象
2	预期结果	预期应实现 A 效果
3	实际结果	目前观察到 B 问题（附截图 / 日志片段）
4	已尝试方案	尝试了 C 和 D 方法，但未能解决

5. 避免隐含假设

阐明前提：明确指出你的假设或依赖条件，避免他人误解。

错误表述："为什么模型输出不一致？"

正确表述："在给定一致参数及固定随机种子条件下，为何两次运行输出结果会有所差异？"

6. 拆分复杂问题

分治策略：将复合问题分解为多个独立子问题，逐个击破。

例如：将"如何构建一个推荐系统"拆分为数据预处理、算法选择、评估指标等子任务。

7. 主动反馈与闭环

互动跟进：若获得解答，及时反馈是否解决；若未解决，补充信息进一步探讨。

"根据建议调整了损失函数，准确率提升 15%，感谢！"

"尝试了您的方法，但出现新错误 [附日志]，可能的原因是什么？"

8. 尊重与礼貌

基础原则：即使问题紧急，也保持友好态度。清晰的表达与礼貌的语气能激发更积极的协助。如表 2-2-2 所示。

表 2-2-2 低效 vs 高效提问对比

低效提问	高效提问
“这个 API 用不了!”	“调用 DeepSeek 的文本生成 API 时，返回状态码 403（附请求及参数），如何排查权限问题?”
“代码出错了，急!”	“在 Python 中使用 pandas 合并两个 DataFrame 时，报错‘KeyError: 'user_id'’（附数据样本和代码片段），如何解决?”

（二）训练提示语

使用 DeepSeek 时，掌握提示语的组成部分，如图 2-2-2 所示，并设计清晰的训练提示语，将更快获得精准帮助。

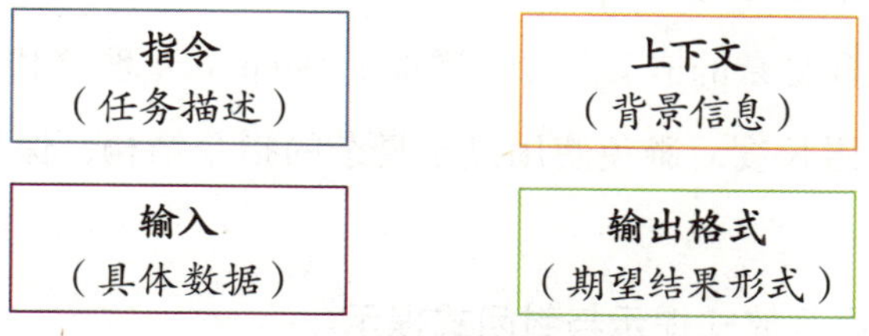

图 2-2-2 提示语的组成部分

1. 训练提示语策略

（1）精准定义任务，减少模糊性

实现任务的精准定义，关键在于明确任务的核心问题、具体化生成指令，并去除多余信息。明确的核心问题是任务定义的基础，它帮助 DeepSeek 理解需要解决或探讨的根本议题。具体化的生成指令则确保 DeepSeek 知道如何执行任务，包括生成内容的类型、格式以及所涵盖的关键信息。

(2) 适当分解复杂任务，降低 DeepSeek 认知负荷

在处理繁复任务的过程中，将任务拆解是提升 DeepSeek 执行效能的关键所在。分段生成是一种有效的分解技巧，它将复杂任务拆分为多个较小的、易于管理的部分，每个部分都设定明确的目标和输出要求。逐层深入则要求 DeepSeek 在解决任务时，先从基础层面开始，逐步深入，直至达到任务要求的深度。

(3) 引入引导性问题，提升生成内容的深度

为了提升 DeepSeek 生成内容的深度，设计引导性问题至关重要。引导性问题应包含多个层次，从宽泛的议题逐渐聚焦到具体细节，促使 DeepSeek 在生成过程中进行深入的对比、论证和分析。同时，通过提出具有启发性的问题，可以引导 DeepSeek 从不同角度思考，拓展其思维的多样性，从而生成更加丰富、有见地的内容。

(4) 控制提示语长度，确保输出结果的准确性

提示语的详尽程度对 DeepSeek 产出内容的精确性具有直接的影响。过长的提示语往往包含复杂的嵌套指令，增加了 DeepSeek 理解和执行的难度。因此，要控制提示语长度，避免使用过于复杂的指令结构，保持提示语的简洁明了。

(5) 灵活运用开放式提示与封闭式提示

在 DeepSeek 生成内容的过程中，灵活运用开放式提示与封闭式提示是提高生成质量的有效手段。开放式提示通过提出开放性问题，鼓励 DeepSeek 从多个角度进行思考和生成，有助于激发创新性和多样性。而封闭式提示则通过提出具体问题或设定明确限制，要求 DeepSeek 给出精准、具体的回答，适用于需要精确控制输出内容的情况。

2. 精准表达需求

为了精准表达需求，用户可以根据场景选择不同类型的表达方式，从而

更高效地获取所需信息。如表 2-2-3 所示。

表 2-2-3 不同类型的表达方式

需求类型	特点	表达公式
决策需求	需权衡选项、评估风险、选择最优解	目标 + 选项 + 评估标准
分析需求	需深度理解数据 / 信息、发现模式或因果关系	问题 + 数据 / 信息 + 分析方法
创造性需求	需生成新颖内容（文本 / 设计 / 方案）	主题 + 风格 / 约束 + 创新方向
验证需求	需检查逻辑自洽性、数据可靠性或方案可行性	主题 + 风格 / 约束 + 创新方向
执行需求	需完成具体操作（代码 / 计算 / 流程）	任务 + 步骤约束 + 输出格式

三、常见陷阱与应对策略

（一）缺乏迭代陷阱

1. 陷阱症状详解

认知并了解模糊性指令、冗长提示导致的认知负荷过重等常见陷阱，据此提供应对策略，帮助用户规避误区，高效利用 DeepSeek。

（1）过于复杂的初始提示语

在使用 DeepSeek 时，如果一开始就给出过于复杂或详尽的指示，可能会导致 DeepDeek 难以准确理解并高效执行任务，进而产生不理想的输出结果。

（2）对初次输出结果不满意就轻易放弃

许多用户往往在看到 DeepSeek 的初次输出结果不尽如人意时，便失去了耐心，没有进一步尝试调整或优化提示语，从而错过了可能获得更优解的机会。

(3) 缺乏对 DeepSeek 输出结果的深入分析和有效反馈

仅仅根据直观感受判断 DeepSeek 输出的好坏是不够的，缺乏系统的分析和具体的反馈机制，难以指导 DeepSeek 进行有针对性的改进。

2. 应对策略拓展

(1) 采用增量方法构建提示语

为了提高 DeepSeek 的理解和执行效率，建议从简洁明了的基础提示语开始，然后根据 DeepSeek 的初次反馈逐步添加必要的细节和要求。这种方法有助于逐步引导 DeepSeek 向更精准、更符合预期的方向输出结果。如图 2-3-1 所示。

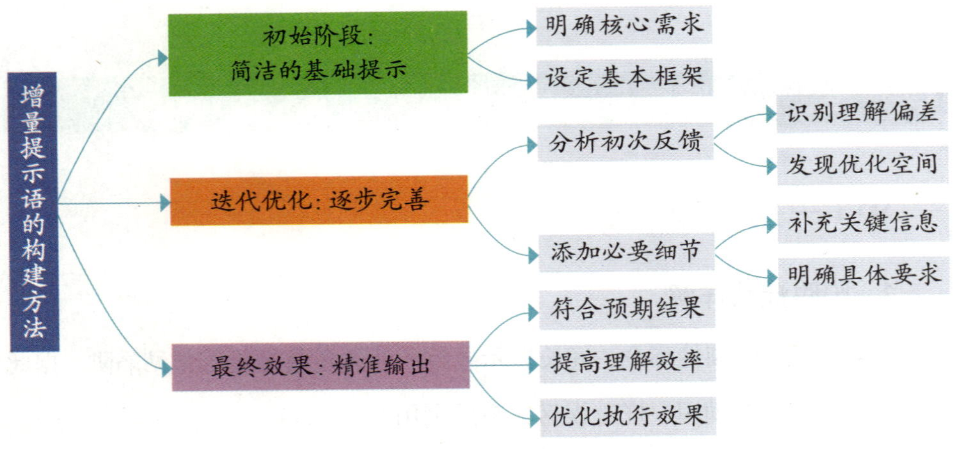

图 2-3-1 增量提示语的构建方法

(2) 主动寻求并有效利用 DeepSeek 的自我评估

鼓励 DeepSeek 对其输出结果进行自我评估，不仅能帮助用户了解 DeepSeek 的决策过程和潜在局限，还能促使 DeepSeek 提供自我改进的具体建议，从而加速优化进程。

(3) 准备并实施多轮对话策略

为了获得更满意的输出结果，用户应设计一系列精心构思的后续问题。这些问题旨在澄清初始输出结果中的模糊之处，引导 DeepSeek 进行更深入的思考和修正，通过多轮互动逐步逼近最佳解。

（二）过度指令和模糊指令陷阱

1. 陷阱症状深入剖析

（1）提示语冗长或过于简短

在使用 DeepSeek 时，如果提示语冗长，可能使其难以抓住重点，导致处理效率低下或输出结果偏离主题；反之，如果提示语过于简短，则可能缺乏必要的上下文信息，使 DeepSeek 无法准确理解用户意图，从而输出不符合预期的结果。

（2）输出与期望严重不符

这通常发生在用户未能清晰、准确地传达其需求时。当 DeepSeek 接收到的指令模糊或存在歧义时，它可能会基于自己的理解进行输出，而这往往与用户期望的结果大相径庭。

（3）频繁需要澄清或重新解释需求

这反映了用户在构建提示语时可能缺乏条理性和明确性。当 DeepSeek 无法直接理解用户意图时，用户不得不反复澄清和解释，这不仅降低了工作效率，还可能会引发沟通障碍。

2. 应对策略全面优化

（1）平衡详细度

在构建提示语时，应提供足够的上下文信息以帮助 DeepSeek 理解用户意图，但也要避免不必要的限制，以免束缚 DeepSeek 的创造力和灵活性。通过精心权衡详细度，可以确保提示语既清晰又富有弹性。

（2）明确关键点

为了提高 DeepSeek 输出的准确性和效率，用户应提出最重要的 2 ～ 3 个要求。这些要求应直接关联到用户的核心需求，并作为 DeepSeek 处理任务时的核心指导原则。

（3）使用结构化格式

采用清晰、有条理的结构来组织需求，可以显著提高 DeepSeek 的理解能力和执行效率。例如，可以使用列表、表格或树状图等结构来呈现需求，以便 DeepSeek 能够更轻松地解析和执行。

（4）提供示例

如果可能的话，给出期望输出的简短示例可以帮助 DeepSeek 更直观地理解用户意图。这些示例应直接反映用户期望的结果，并作为 DeepSeek 生成输出时的参考标准。通过提供示例，用户可以更有效地引导 DeepSeek 朝着符合预期的方向输出结果。

（三）立场与倾向性陷阱症状

1. 偏见陷阱症状

（1）提示语中包含明显立场或倾向

在设计 DeepSeek 提示语时，若不自觉地融入了个人偏见或预设立场，将引导 DeepSeek 生成具有倾向性的输出，而非客观全面的信息。

（2）获得的信息总是支持特定观点

当 DeepSeek 的输出持续偏向某一观点时，可能意味着提示语设计存在问题，导致信息筛选偏向性明显，缺乏平衡性。

（3）缺乏对立或不同观点的呈现

一个健康的对话或信息检索过程应包含多元视角，若 DeepSeek 仅提供单一视角的信息，将限制用户的认知广度和深度。如图 2-3-2 所示。

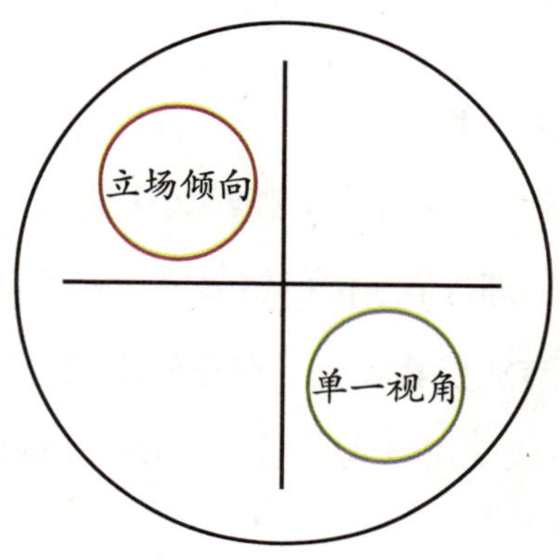

图 2-3-2 偏见陷阱症状原因

2. 应对策略

(1) 自我审视

在构建提示语前，深入反思自身可能存在的偏见和预设，确保提示语的中立性和客观性。

(2) 使用中立语言

精心选择词汇，避免使用可能会引导特定结论的表述，保持提示语的公正性和开放性。

(3) 要求多角度分析

在提示语中明确要求 DeepSeek 提供多种观点、论据或解决方案，以促进信息的全面性和多样性。

(4) 批判性思考

对 DeepSeek 的输出保持审慎态度，通过交叉验证、对比不同来源信息等方式，评估其准确性和可靠性。

（四）幻觉生成

1. 陷阱症状

(1) 具体数据或事实无法验证

当 DeepSeek 输出的信息缺乏可靠来源或无法被第三方验证时，可能意味着其陷入了幻觉生成状态，即自信地传播错误或虚构的信息。

(2) 输出中包含看似专业但实际上不存在的术语或概念

DeepSeek 可能会创造或误用专业术语，以增强其输出的“权威性”，但这些术语往往缺乏实际依据。

(3) 对未来或不确定事件作出过于具体的预测

DeepSeek 在缺乏足够数据或逻辑支持的情况下，可能会作出过于确定或具体的未来预测，这些预测往往不准确且误导性强。

2. 应对策略

(1) 明确不确定性

训练 DeepSeek 在不确定或缺乏足够信息时，能够明确表达其不确定性，避免误导用户。

(2) 事实核查提示

在提示语中明确要求 DeepSeek 区分已知事实和基于假设的推测，以提高信息的准确性和可信度。

(3) 多源验证

鼓励 DeepSeek 从多个独立、可靠的来源获取信息，以验证其输出的真实性。

(4) 要求引用

在提示语中明确要求 DeepSeek 提供信息来源，包括原始数据、研究报告或专家观点等，以便用户进一步的验证和核实。

第三章

DeepSeek 核心产品矩阵解析

在人工智能的浩瀚宇宙中，DeepSeek 以其卓越的技术实力和前瞻性的产品布局，构建了一个强大的核心产品矩阵。从深度推理引擎到智能决策平台，再到跨模态交互系统，DeepSeek 的核心产品矩阵不仅展现了其在 AI 领域的深厚积累，更为行业应用提供了全面的解决方案。接下来，让我们一同深入解析 DeepSeek 的核心产品矩阵，探索其背后的创新力量。

一、核心技术优势

（一）四大使用途径解析

DeepSeek 通过四大路径，即智能化 SaaS 产品、数据驱动的增值服务、定制化 AI 解决方案以及开放式 AI 生态合作，实现了AI 技术的商业化应用，为企业和个人用户带来了前所未有的价值。

1. 智能化 SaaS 产品：重塑企业服务生态

DeepSeek 凭借其在自然语言处理、数据分析和自动化方面的强大能力，开发了一系列面向企业的智能化 SaaS 产品。这些产品包括但不限于智能客服、智能营销工具和数据分析平台等，它们通过订阅制或按使用量收费的方式，为企业提供了高效、便捷的服务。

智能客服是 DeepSeek SaaS 产品中的佼佼者。它凭借 DeepSeek 的 NLP 技术，精确捕捉用户意图，迅速给出准确回应。这不仅极大提高了客服效率，还明显优化了用户体验。智能营销工具运用大数据分析及机器学习算法，助力企业精准锁定目标客户，制订个性化营销方案，增强营销效果。而数据分析平台则供给多样数据分析功能，帮助企业深度挖掘数据潜能，优化运营决策。如图 3-1-1 所示。

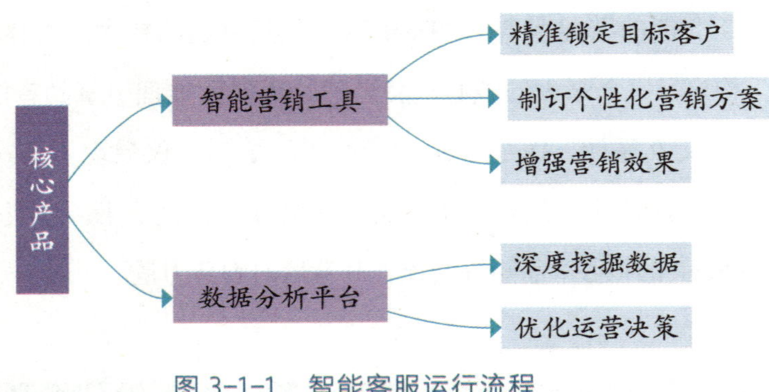

图 3-1-1　智能客服运行流程

此外，DeepSeek 还构建了个性化推荐系统，利用机器学习算法分析用户行为，为电商、媒体等多领域的企业提供精准推荐服务。此系统能有效增强用户忠诚度与转化率，为企业赢得更多商业利益。

2. 数据驱动的增值服务：助力企业优化决策

DeepSeek 不仅拥有强大的 AI 能力，还拥有出色的数据处理与分析实力。通过对海量数据的分析和挖掘，DeepSeek 为企业提供了一系列数据驱动的增值服务，帮助企业优化运营和决策。

数据洞察与分析是 DeepSeek 增值服务的重要组成部分。它利用 AI 技术对数据进行深度分析，为企业提供市场趋势分析、用户行为分析、竞争对手分析等报告。这些分析报告不仅助力企业更深入地洞察市场与用户动态，还为企业带来了精确的 DeepSeek 商业策略指导。

在工业制造和物流领域，DeepSeek 的预测性维护模型更是大放异彩。凭借对设备运行状态的监控与数据分析，DeepSeek 能预估设备的故障可能性，预先实施维护措施。这不仅大大降低了设备故障率，还显著优化了供应链管理，实现了成本节约和效率提高。

3. 定制化 AI 解决方案：满足行业特定需求

针对不同行业的特定需求，DeepSeek 提供了定制化的 AI 解决方案。这些解决方案不仅满足了客户的个性化需求，还推动了行业的智能化转型。

(1) 金融领域

DeepSeek 提供了智能风控和投资建议服务。通过 AI 技术对金融数据进行深度分析，DeepSeek 能够准确识别风险点，为企业提供智能风控方案。同时，它能依据市场动向及用户行为模式，为用户提供专属的投资建议方案。如图 3-1-2 所示。

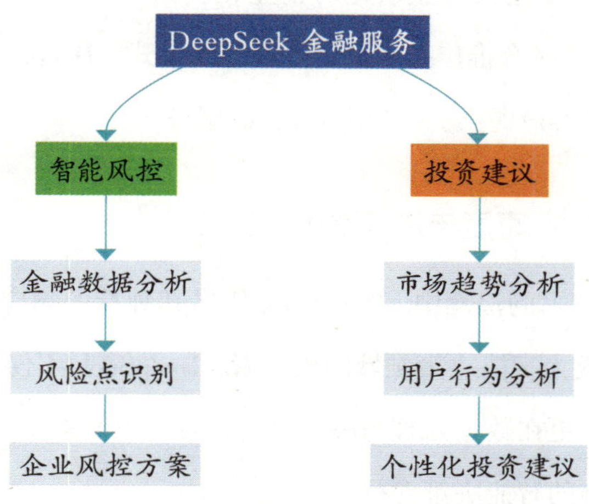

图 3-1-2 金融服务运行流程

（2）医疗领域

DeepSeek 的辅助诊断和健康管理服务更是备受瞩目。它运用 AI 技术对医疗影像实施深度剖析，助力医师制定更周全的治疗方案。同时，依据用户的健康信息，它也能为用户打造个性化的健康管理体系。

4. 开放式 AI 生态合作：构建共赢的 AI 生态系统

DeepSeek 不仅注重自身的技术创新和应用，还积极与合作伙伴共同构建 AI 生态系统，实现多方共赢。

API 服务是 DeepSeek 开放式生态合作的重要组成部分。它将 DeepSeek 的核心 AI 能力（如自然语言处理、计算机视觉、语音识别等）封装成 API 服务，开放给第三方开发者和企业使用。这在降低 AI 技术使用门槛的同时，还推动了 AI 技术的广泛采纳与创新发展。

为了鼓励开发者基于 DeepSeek 打造创新应用，DeepSeek 还建立了开发者社区，并提供了丰富的工具包和文档支持。这一举措不仅吸引了大量开发者加入 DeepSeek 的生态系统，还促进了 AI 技术的创新和发展。

此外，DeepSeek 还与行业领先的企业和机构建立了合作关系，共同开发 AI 解决方案。通过联合推广、技术支持和分成模式，DeepSeek 不仅扩大了自身的影响力，还为客户提供了更为优质的 AI 服务。

（二）响应速度与决策精度双引擎

在人工智能技术的浪潮中，DeepSeek 凭借其独特的响应速度与决策精度双引擎，正逐步成为智能决策领域的佼佼者。DeepSeek 不仅优化了算法架构，提高了计算效率，更在数据处理与决策分析方面实现了重大突破，为各行各业提供了高效、精准的智能决策支持。

1. 响应速度：毫秒级响应，抢占决策先机

DeepSeek 的响应速度是其核心竞争力之一。通过先进的算法架构和高效的计算能力，DeepSeek 实现了毫秒级的响应速度，能够在极短的时间内快速处理和分析大量数据，为用户提供即时的智能服务。在金融交易、智能制造等需要快速响应的场景中，DeepSeek 的这一特点便极具竞争优势。它可以实时追踪市场动态，敏捷捕捉交易契机与风险，为投资者奉上即时的投资策略；同时，在生产流程中也能迅速察觉异常状况，灵活调整生产计划，以保障生产效能与产品品质。

2. 决策精度：深度洞察，助力科学决策

DeepSeek 的决策准确性同样值得称道。依托深度学习算法，DeepSeek 能深入挖掘并剖析海量数据，从中提炼出关键信息并分析趋势，为企业的明智决策提供坚实支撑。在市场营销、供应链管理等领域，DeepSeek 能够精准分析用户的行为、偏好和需求，预测物料需求、库存水平和运输时间等关键指标，为企业提供量身定制的营销策略与库存管理方案。这种立足于大数据的智能决策辅助，不仅提升了决策的精密度与速度，还有效减少了因信息不对等所引发的风险。

3. 双引擎协同，打造智能决策新生态

DeepSeek 的响应速度与决策精度双引擎并非孤立存在，而是相互协同、共同发挥作用。凭借双引擎的协同作用，DeepSeek 能为用户提供更为周全且高效的智能决策辅助。同时，DeepSeek 还具备强大的可扩展性和集成性，能够与其他智能系统和工具进行无缝集成，共同构建起一个智能决策的新生态。在此生态体系内，企业能够充分利用 DeepSeek 所提供的智能服务，推动业务流程向自动化与智能化转型，进而增强整体的市场竞争力。

（三）多模态数据处理技术架构

在当今数字化的时代，信息以各种形态展现，无论是文本、图像还是音频，每种数据类型都蕴含着独特的信息与价值。作为一款大规模预训练语言模型，DeepSeek 凭借出类拔萃的多模态数据处理技术架构，在大规模预训练语言模型中脱颖而出。

1. 关键模块：数据预处理、特征提取、跨模态融合

在数据预处理阶段，DeepSeek 采用先进的数据清洗、归一化和数据增强等技术，确保不同模态的数据能够被有效地整合和解析。特征提取模块则负责从原始数据中精准提炼出最具代表性和高区分度的特征，为后续模型的高效训练与精确推理奠定坚实的基础。例如，在图像解析范畴内，DeepSeek 能运用边缘检测、颜色空间转换等手段提取核心特征元素；在文本处理中，则可以通过词向量表示、句法分析等手段提取出语义特征。如图 3-1-3 所示。

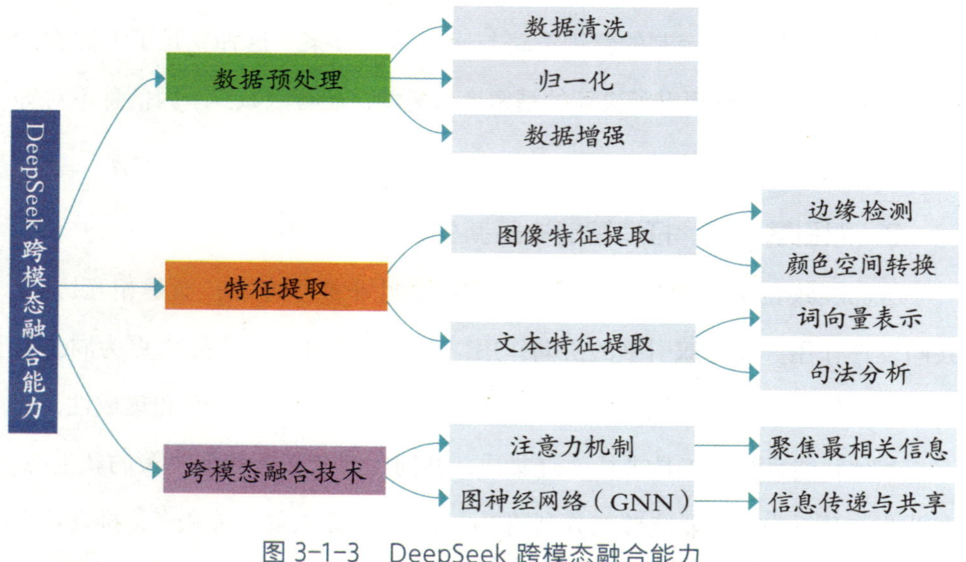

图 3-1-3 DeepSeek 跨模态融合能力

2. 核心：强大的跨模态融合能力

传统的 AI 系统往往只能处理单一类型的数据，如自然语言处理专注于文本，计算机视觉专注于图像，语音识别专注于音频。然而，现实世界中的信息往往是多模态的，人类在日常生活中也是通过多种感官来感知和理解世界的。DeepSeek 打破了这一局限性，它可以将文本、图像、音频等多种类型的数据进行融合处理，使机器能够如同人类一般，借助多种感官途径来感知并理解世界。

3. 关键：跨模态融合技术

通过引入注意力机制和图神经网络，DeepSeek 能够在不同模态之间建立联系，实现信息的有效传递和共享。这种融合能力使 DeepSeek 能够同时解析文本、图像和音频等多种类型的数据，从而实现更全面、更深入的理解。例如，在处理一段包含文字描述和图片的新闻报道时，DeepSeek 可以通过注意力机制聚焦于最相关的部分，并能借助图神经网络技术，将文本与图像中的信息深度融合，进而产出更为精确且全面的理解成果。

二、专业版产品深度解析

（一）DeepSeek-Coder：代码补全 / 调试实战演示

在编程领域中，代码自动补全与调试构成了开发者日常工作的关键一环。它既能够加速编程流程，又能保障代码的品质与稳健性。近年来，随着人工智能技术的飞速发展，基于 AI 的代码补全与调试工具应运而生，其中 DeepSeek-Coder 凭借其强大的功能和出色的表现，成为众多开发者的首选。

1. 实战背景

假设，我们正在开发一个电商平台的后端服务，涉及用户信息的处理。我们的项目包含多个 Python 文件，分别负责不同的功能模块。在开发过程中，我们遇到了一个问题：需要在 service.py 文件中调用 models.py 中定义的类方法，并处理返回的用户信息。

2. 代码补全实战

（1）我们打开 models.py 文件，定义一个 UserDAO 类，用于数据库操作。如图 3-2-1 所示。

python　　复制代码

```python
# models.py
class UserDAO:
    def __init__(self, db_conn):
        self.conn = db_conn

    def get_name(self, user_id):
        # 数据库查询逻辑（省略）
        return "John Doe"

    def get_email(self, user_id):
        # 数据库查询逻辑（省略）
        return "john.doe@example.com"
```

图 3-2-1　打开文件，并进行定义

（2）接下来，我们转到 service.py 文件，需要在这里调用 UserDAO 类的方法。此时，DeepSeek-Coder 的代码自动补全功能就派上了用场。如图 3-2-2 所示。

python　　复制代码

```python
# service.py
from models import UserDAO

def get_user_profile(user_id):
    dao = UserDAO(db_connection)  # 假设db_connection已经定义
    # 在这里，DeepSeek-Coder会自动补全以下代码
    return {
        'name': dao.get_name(user_id),  # 自动补全
        'email': dao.get_email(user_id)  # 自动补全
    }
```

图 3-2-2　转 service.py 文件

在编写 get_user_profile 函数时，我们只需要输入 dao.，DeepSeek-Coder 就会自动弹出代码补全提示，列出 UserDAO 类中所有可用的方法。我们选择 get_name 和 get_email 方法，并传入相应的参数，即可完成代码编写。

3. 调试实战

在开发过程中，我们可能会遇到一些 bug。假设在 UserDAO 类的 get_name 方法中，我们不小心写错了数据库查询逻辑，导致返回了错误的名字。此时，我们需要进行调试。

DeepSeek-Coder 配备了高效的调试工具，能够助力我们迅速识别并有效解决编程过程中的各类问题。我们只需要在代码中设置断点，然后运行调试模式，DeepSeek-Coder 就会自动跳转到断点处，并显示当前的变量值和调用堆栈。

通过检查变量值和调用堆栈，我们发现 get_name 方法中的数据库查询逻辑有误。我们修正了错误，并重新运行调试模式，确认问题已经解决。

(二) DeepSeek-Math：数学解题步骤生成原理

DeepSeek-Math 是 DeepSeek 团队开发的一款专注于数学推理的开源语言模型，旨在提升语言模型在数学解题方面的能力。其强大的数学解题步骤生成能力，主要得益于其背后的高质量数学语料库和创新的强化学习算法。如表 3-2-1 所示。

表 3-2-1 DeepSeek-Math 基准测试数据

AIME 2024 (Pass@1)	39.2
MATH-500 (EM)	90.2
CNMO 2024 (Pass@1)	43.2

1. 数学语料库——DeepSeekMath Corpus

DeepSeek-Math 是一个包含 1,200 亿个数学相关 tokens 的高质量预训练语料库，是当前已知的最大规模的数学语料库。该语料库的数据来源于 Common Crawl，并通过精心设计的数据选择流程进行筛选和优化。研究团队使用 OpenWebMath 作为种子语料库，训练了一个基于 fastText 的分类器，用于从 Common Crawl 中识别数学相关网页。通过多轮迭代和人工注释，最终得到了包含 3,550 万个数学网页的庞大数据集。这一数据基础为 DeepSeek-Math 提供了丰富的数学知识和推理模式。

2. 预训练和微调的训练策略

在构建了高质量的数学语料库之后，DeepSeek-Math 采用了预训练和微调的训练策略。预训练阶段，模型通过广泛吸纳海量的数学语料资源，成功掌握了基础性的数学知识体系及逻辑推理法则。而微调阶段，则针对特定的数学解题任务，对模型进行进一步的优化和调整。这一过程中，DeepSeek-Math 还应用了数学指令微调技术，使用了链式思维（Chain-of-Thought，CoT）、程序化思维（Program-of-Thought，PoT）和集成工具推理（Tool-Integrated Reasoning，TIR）等数据，进一步强化了模型在数学推理领域的实力。

3. 强化学习算法——组相对策略优化

DeepSeek-Math 引入了创新的强化学习算法——组相对策略优化（Group Relative Policy Optimization，GRPO）。这是邻近策略优化（Proximal Policy Optimization，PPO）的一种变体，旨在减少训练资源消耗，同时提升数学推理能力。GRPO 通过组内相对奖励的优化方式，避免了传统强化学习中价值函数的高计算成本问题，使模型能够更高效地进行数学推理训练。

在实际的数学解题过程中，DeepSeek-Math 能够根据题目要求，生成多种解题步骤和思路。这些步骤和思路通过模型的生成能力（如采样、集束搜索）产生，并形成树状结构，便于模型进行多路径探索和评估。模型会对每个节点（解题步骤）进行评分，通常结合自我评估和外部验证两种方式，以确保解题步骤的合理性和正确性。通过动态剪枝和路径回溯等技术，模型能够淘汰低概率或无效路径，减少计算开销，并最终找到正确的解题路径。

（三）DeepSeek-V3：多模态处理技术的突破

在人工智能领域，多模态处理技术的突破正推动着技术边界的不断拓宽。DeepSeek-V3 在推理速度上相较历史模型有了大幅提升。在目前大模型主流榜单中，DeepSeek-V3 在开源模型中位列榜首，与世界上最先进的闭源模型不分伯仲。如表 3-2-2 所示。

表 3-2-2　DeepSeek-V3 模型

模型	参数总数	激活参数	上下文长度	下载
DeepSeek-V3	671B	37B	128K	Hugging Face

1. 核心优势：强大的多模态处理能力

相较于传统的单模态处理的 AI 模型，DeepSeek-V3 展现出其跨模态处理的优势，能够并行地解析与理解文本、图像及音频等多样化的数据类型。这一技术突破得益于其先进的模型架构和训练方法。DeepSeek-V3 基于 Transformer 架构，采用了多模态融合的设计，使模型能够在处理复杂多模态数据时展现出卓越的性能。

2. 独特优势：文本编码器、图像编码器和音频编码器

在模型架构上，DeepSeek-V3 分别设计了文本编码器、图像编码器和

音频编码器，用于处理不同模态的数据。这些编码器基于 BERT、Vision Transformer（ViT）和 WaveNet 等先进架构，能够高效地提取数据中的特征信息。此外，DeepSeek-V3 还引入了一个多模态融合模块，用于将不同模态的表示进行融合，生成统一的输出。这一设计使模型能够在处理多模态数据时，实现信息的高效整合和利用。

3. 训练优势：预训练和微调相结合

在训练方法上，DeepSeek-V3 采用了预训练和微调相结合的策略。首先，DeepSeek-V3 在大规模且丰富多样的多模态数据集上实施预训练，以此让模型习得广泛适用的表征能力。其次，在针对特定任务的数据集上执行微调，以确保模型能够贴合实际应用场景的需求。更进一步地，DeepSeek-V3 创新性地融合了人类反馈强化学习（Reinforcement Learning from Human Feedback，RLHF）技术，借助人类专家的宝贵反馈，对模型的输出结果进行深度优化，以追求更高品质的表现。这一训练方法使 DeepSeek-V3 在处理多模态任务时，能够表现出更高的准确性和鲁棒性。

4. 安全优势：内容过滤机制

DeepSeek-V3 还注重安全性和伦理问题的考虑。模型内置了内容过滤机制，能够自动检测和屏蔽有害信息。同时，DeepSeek-V3 的开发团队还积极参与人工智能伦理研究，致力于推动技术的负责任使用。

DeepSeek-V3 的多模态处理技术突破，不仅提升了模型在处理复杂任务时的性能，还为更多应用场景提供了可能。多模态能力使它能够处理包含图像或视频的复杂查询，为用户带来更加便捷和高效的交互体验。此外，在内容创作领域，DeepSeek-V3 可以帮助用户生成高质量的文章、故事和代码，为创作者提供强大的辅助工具。

（四）DeepSeek-R1：复杂推理能力行业对比

在人工智能范畴，复杂推理能力始终被视为评估大模型智能程度的核心要素之一，DeepSeek 亦不例外。DeepSeek-R1，其在复杂推理方面的表现尤为引人瞩目。如表 3-2-3 所示。

表 3-2-3 DeepSeek-R1 模型

模型	参数总数	激活参数	上下文长度	下载
DeepSeek-R1	671B	37B	128K	Hugging Face

DeepSeek-R1 在 2024 年全球人工智能峰会上大放异彩，其在复杂数学证明、法律条文演绎、生化反应路径推理等测试中，以超越人类专家组的表现引起了广泛关注。这一成就不仅标志着 AI 系统从“模式识别”向“认知智能”的跨越式突破，也展示了 DeepSeek-R1 在复杂推理能力上的深厚底蕴。

1. 认知增强型 AI 架构

DeepSeek-R1 采用了独特的“认知增强型 AI 架构”，这一架构基于对认知科学的深刻理解与工程创新的系统化结合。通过引入分层注意力机制、动态记忆矩阵和多模态认知回路等创新技术，DeepSeek-R1 能够像人类专家一样处理复杂的逻辑关系，实现高效且准确的推理。

2. 三级蒸馏法

DeepSeek-R1 在知识体系构建上采用了“三级蒸馏法”，将人类千年积累的认知范式转化为可计算的思维模板。这一方法不仅提升了模型的逻辑一致性检测能力，还使其能够在处理复杂问题时展现出更高的认知效率。例如，在法律条文适用性推理测试中，DeepSeek-R1 能够在 0.3 秒内完成法律条文的三阶演绎，这一速度远超人类专家。

3. 神经网络与符号推理的有机融合

DeepSeek-R1 实现了神经网络与符号推理的有机融合。其推理引擎包含并行的两个子系统：DNN 模块负责直觉式快速推理，符号引擎进行慢思考验证。两者通过“认知仲裁器”动态协调，在效率和准确性间取得了平衡。这种协作机制使 DeepSeek-R1 在解决组合优化问题时展现出独特的优势。

与行业内其他模型相比，DeepSeek-R1 在复杂推理能力上的优势显而易见。例如，与同样具备强大推理能力的 OpenAI o1 相比，DeepSeek-R1 在中文生成任务中表现出色，尤其是对风格化文本的生成能力更强。同时，DeepSeek-R1 还支持实时搜索功能，能够持续扫描网络提供最新的答案，这一特性使其在实时信息检索领域具有显著优势。

02

DeepSeek 实战应用与技能提升

第四章

DeepSeek 在智能自动化工作流中的应用

智能自动化工作流正成为企业数字化转型的焦点，DeepSeek 在此领域展现出卓越的应用潜力。本章将探讨 DeepSeek 如何运用深度学习技术，自动化处理复杂工作流程，精准识别任务需求，实现流程智能监控与动态调整。DeepSeek 的应用不仅提高了工作效率，还为企业带来了灵活智能的运营新模式，引领未来工作流自动化的新风尚。

一、跨模态文档处理与数据分析实战

（一）多模态信息提取与整合技术

企业如何从复杂的多模态数据中，快捷高效地提取有价值的信息，并将其整合到商业报告中，以助企业在决策制定与战略规划上获得支持，已成为一个亟待攻克的关键课题。

1. 多模态信息提取技术概述

多模态信息提取是指利用先进的人工智能技术，从文本、图像、音频和视频等不同格式的文件中提取到的多种基本元素，进而抓取有价值的信息。

如表 4-1-1 所示。这一技术能够识别和解析多种数据模态，提取出关键信息，从而为商业报告提供全面、准确的数据支持。

表 4-1-1　多模态信息元素分类体系

信息类元素	结构类元素	控制类元素
主题元素	格式元素	任务指令元素
背景元素	结构元素	质量控制元素
数据元素	风格元素	约束条件元素
知识域元素	长度元素	迭代指令元素
参考元素	可视化元素	输出验证元素

在文本信息提取方面，技术可以深度挖掘海量文本数据，获取用户反馈、市场动态、竞争对手信息等关键内容。例如，借由剖析社交媒体上的用户反馈与热议话题，企业能够全方位把握消费者对产品的见解与需求动向，进而对产品策略作出相应调整。

图像信息提取则侧重于自动化标注和分类商品图片，提高搜索效率和用户体验。在电商平台中，这一技术通常应用于商品图片的识别和分类，帮助用户快速找到所需商品。

音频和视频信息提取则更加注重于语音识别、情感分析和事件监测等方面。例如，在客户服务领域，通过解读客户的语音资讯，能够洞察客户的情绪状况与需求要点，进而提供更加贴合客户需求的个性化服务。

2. DeepSeek 在商业报告中的应用

(1) 多模态信息提取

DeepSeek 可以自动识别并提取商业报告中的关键信息，无论是文本中的关键词、图像中的特征元素，还是音频中的语音内容。例如，在一份包含产品图片、用户评论和市场趋势分析的报告中，DeepSeek 可以迅速提取出产品的关键特征、用户的正面和负面反馈以及把握市场的演进动态。这些资讯对于企业规划产品战略、精进用户体验及预判市场波动具有至关重要的作用。

（2）信息整合与关联分析

DeepSeek 不仅擅长提取信息，还可以将这些信息进行有效整合和关联分析。它利用图神经网络等技术，建立不同模态数据之间的关联关系，揭示隐藏的数据价值。例如，在一份包含财务报表、新闻报道和社交媒体评论的综合报告中，DeepSeek 可以分析出公司的财务状况、市场声誉和消费者情绪之间的关联，向投资者呈献全面的风险测评与投资策略建议。

（3）实时数据分析与预测

在商业场景下，对实时数据的分析预判能力极为关键。DeepSeek 能够接纳并处理实时的数据流，赋予企业即时的市场洞悉与前瞻能力。例如，在金融交易监控中，DeepSeek 可以实时分析交易数据，快速识别异常交易行为，为金融机构提供及时的风险预警和应对策略。如表 4–1–2 所示。

表 4–1–2　DeepSeek 商业报告详解表

功能模块	核心能力	技术实现	应用场景	商业价值
多模态信息提取	自主辨识并萃取文本、图像及音频资料中的核心信息	自然语言处理、计算机视觉、语音识别（ASR）等技术	提取产品特征、用户反馈、市场趋势等	助力企业规划产品战略、精进用户体验、预判市场趋势
信息整合与关联分析	整合多模态数据，建立关联关系，揭示隐藏价值	图神经网络、知识图谱、语义分析等技术	探究财务报表、新闻报道与社交媒体评论间的内在联系	为投资者提供全面的风险评估和投资建议，辅助决策制定
实时数据分析与预测	实时接入并处理数据流，迅速提供市场洞察与未来预测	流数据处理技术、机器学习算法、异常监测模型等	金融交易监控、市场趋势预测、风险预警等	为金融机构提供及时的风险预警和应对策略，降低运营风险

（二）论文图表自动解析与数据可视化

在数据洪流的时代，科研人员正面对着浩如烟海的学术论文所带来的挑战。如何快速、准确地从论文中提取关键信息，尤其是隐藏在图表中的数据，成为提高科研效率的关键。DeepSeek 论文图表自动解析与数据可视化技术应运而生，为科研人员打造了一种高效且便捷的科研难题解决方案。

1. DeepSeek 的核心功能

（1）图表自动识别与定位

DeepSeek 利用深度学习算法，能够自动识别论文中的图表，并准确定位其位置，即使图表嵌入在文本中间或跨页显示也能准确识别。

（2）数据提取与结构化

DeepSeek 采用光学字符识别（Optical Character Recognition，OCR）技术，能够准确提取图表中的数据信息，并将其转换为结构化的数据格式，如 Excel 表格、CSV 文件等，方便用户进行后续探究与处理。

（3）数据可视化

DeepSeek 提供多种数据可视化图表类型，如柱状图、折线图或是饼图等，用户可以根据需要选择合适的图表类型，将数据以更直观的方式呈现出来。

（4）交互式分析

DeepSeek 赋能用户以交互式方式探索数据，涵盖筛选、排序及计算等功能，使用户能更透彻地洞悉数据隐藏的规律。

2. DeepSeek 的应用场景

（1）文献调研

在科研探索之旅中，文献调研扮演着至关重要的角色。传统的文献调研方式往往需要研究人员手动阅读并提取多篇论文中的关键信息，这一过程不仅耗时费力，而且极易出错。

DeepSeek 可以自动解析多篇论文中的图表数据，快速提取关键信息，并将其整合在一起进行对比分析。通过 DeepSeek，研究人员可以直观地看到不同论文中数据的差异和趋势，从而快速了解领域研究现状和发展趋势，为后续的科研方向提供有力支持。

（2）数据整理与分析

在科研过程中，数据整理与分析同样至关重要。然而，由于数据来源的多样性，数据往往分散在不同论文的图表中，这给数据整合带来了巨大挑战。

DeepSeek 可以轻松解决这一问题。它具备将散落于各篇论文的图表数据汇集在一起的能力，进行集中化的分析与处理。借助 DeepSeek，科研人员能够便捷地对庞大的数据集展开深度挖掘与剖析，揭示数据背后潜藏的规律与趋势，为科研决策提供坚实的数据支撑。

（3）论文写作

在撰写论文的过程中，如何以清晰且直观的方式展现研究成果是一大挑战。DeepSeek 通过其强大的数据可视化功能，将分析结果以图表的形式直观地展示在论文中。这些图表既美观又精确，能够有效地传递研究成果与数据动态，进而增强论文的阅读体验与论证力度。通过 DeepSeek 生成的图表，研究人员可以更加自信地向读者展示自己的研究成果和发现。

（三）商业报告多源数据整合与分析案例

在商业报告编制过程中，多源数据整合面临着数据格式多样性、数据质量波动以及数据频繁更新的重重挑战。然而，这些挑战也蕴藏着巨大的机遇。通过有效地整合多源数据，企业可以获得更全面的市场洞察、更准确的客户画像以及更精细的运营监控。

1. DeepSeek 的多源数据整合与分析应用

(1) 数据清洗与整合

DeepSeek 首要任务是对多元数据进行清洗与综合处理。此环节对于保障数据的高品质与一致性至关重要。它能智能辨识并解决数据中的异常值、缺失值及重复值等问题，运用尖端算法执行数据清洗与复原，从而确保数据的精确无误。同时，DeepSeek 还支持多种数据格式的转换和统一，保证不同来源的数据可以无缝对接，形成一个全面、准确的数据视图。

(2) 智能化分析

基于数据整合的基石，DeepSeek 会运用其深度学习算法对数据进行智慧化剖析。其算法具备自动识别数据中模式与趋势的能力，能洞察潜在的业务机遇与风险领域。通过深度挖掘数据，DeepSeek 助力企业揭开数据背后的秘密，进而作出更为睿智的决策。

例如，在销售数据分析中，DeepSeek 可以精准识别出哪些产品或服务在特定时间段内表现不佳，或者哪些客户群体对特定产品有较高的购买意愿。这些信息对于企业调整销售策略、优化产品组合以及提升客户满意度等方面都具有重要的参考和指导意义。

不仅如此，DeepSeek 还擅长进行关联性分析，揭示不同数据集之间的内在联系。比如，通过解析客户的购买记录与行为数据，DeepSeek 能够预测客户将来的购买意向，据此为企业提供定制化的推荐方案。

(3) 预测与决策支持

除了对当前数据的分析，DeepSeek 还可以基于历史数据对未来趋势进行预测。借助构建精准的预测模型，DeepSeek 能够预估未来的市场需求、客户动向等核心指标，这些前瞻性成果为企业的长远战略规划提供了坚实的支撑。

在预测过程中，DeepSeek 会考虑多种因素的综合影响，包括季节性因素、市场趋势、竞争对手动态等。这使 DeepSeek 的预测结果更加准确可靠。如图 4-1-1 所示。

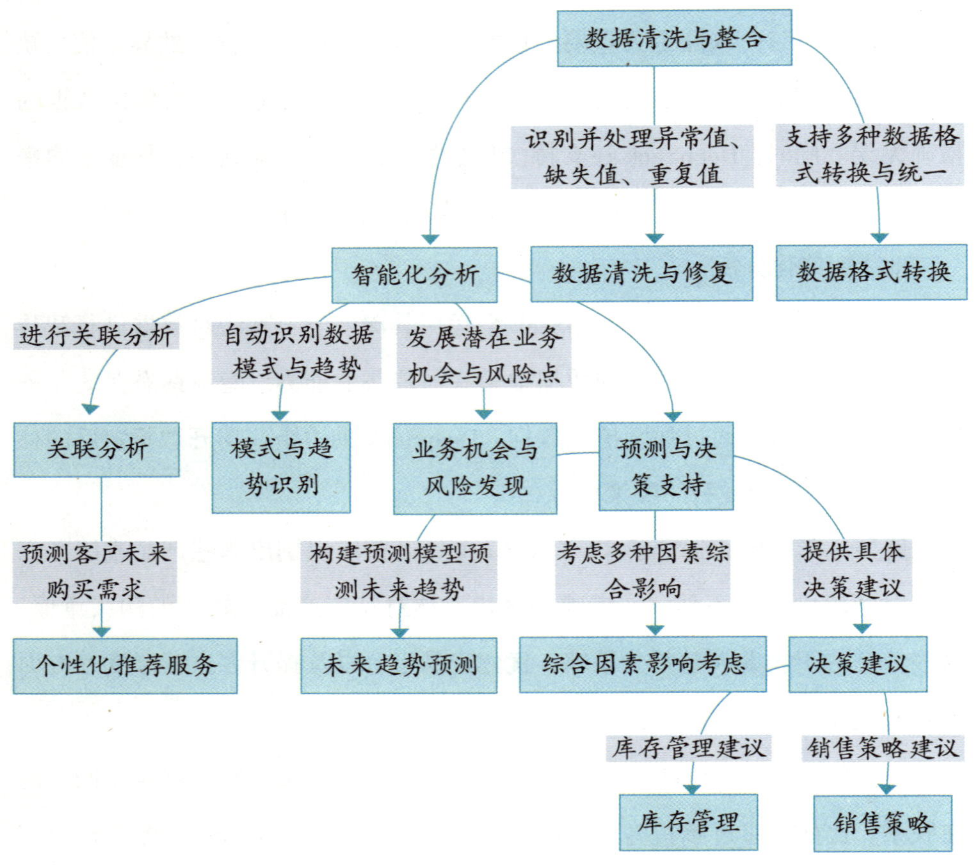

图 4-1-1　DeepSeek 的多源数据整合与分析应用

基于得到的预测结果，DeepSeek 会为企业量身打造具体的决策指引。以库存管理为例，DeepSeek 能根据预测数据建议企业适时调整库存量，有效预防库存过剩或短缺的情况出现。在销售方面，DeepSeek 可以根据预测结果建议企业调整销售策略，以便更好地满足客户需求和提升销售业绩。

2. 实际案例分享：某大型零售企业的数字化转型

某大型零售企业，在快速发展的市场环境中，面临着库存管理不善、销售预测不准确，同时客户满意度一度下降等众多挑战。为了应对这些挑战，该企业决定引入 DeepSeek 进行多源数据整合与分析，以实现数字化转型。

（1）数据整合与清洗

DeepSeek 整合了该企业的多元化数据源，涵盖销售数据、库存数据、供应链信息、客户反馈及市场趋势等。由于这些数据来自不同的系统和平台，格式和内容都存在较大差异。DeepSeek 的数据清洗与整合技术，将这些数据顺利转化为一致且标准化的格式，为后续深度探究和精确预估构建了稳固的基础。

（2）智能化分析与预测

在数据综合处理的支撑下，DeepSeek 深度剖析了该企业的销售记录。通过挖掘数据中的模式和趋势，DeepSeek 发现了该企业销售中的两个关键问题：一是某些热销产品的库存经常不足，导致客户流失；二是部分产品销售不畅导致库存积压严重，占用了企业的大量流动资金。

针对上述两大核心难题，DeepSeek 凭借深度学习算法精心构建了销售预测模型。此模型综合考量历史销售记录、市场动向及供应链数据等多重因素，对未来一段时间内的销售态势进行精确预估。依据预测结果，企业能够迅速调整库存配比，确保畅销商品库存充裕，同时有效削减滞销商品的库存积压。

（3）优化销售策略与客户服务

在智能化分析的基础上，DeepSeek 还为该企业提供了优化销售策略和客户服务的建议。通过分析客户购买历史和行为数据，DeepSeek 发现了一些高价值客户群体和潜在购买意向。凭借这些信息，企业会构思并实施更为精细化的营销策略，旨在增强客户的满意度及忠诚度。

此外，DeepSeek 还帮助企业建立了客户反馈分析系统。通过广泛收集并深入剖析客户反馈数据，迅速捕捉到客户对于产品与服务所提出的意见与建议，进而不断精进产品与服务的质量。

(4) 实施效果与反馈

经过几个月的实施和调整，该企业取得了显著的效果。库存管理水平得到了大幅提升，热销产品缺货现象大大减少，滞销产品库存积压问题也得到了有效解决。同时，随着销售策略的不断优化与客户服务的日益完善，客户的满意度与忠诚度也实现了显著提升。

在反馈方面，该企业表示 DeepSeek 的多源数据整合与分析能力对其数字化转型起到了关键作用。通过 DeepSeek 的帮助，该企业不仅解决了当前面临的问题，还建立了一个可持续的数据分析体系，为未来的业务发展提供了有力支持。

二、代码全周期管理与自动化生成

(一) 从需求描述到可执行代码的自动生成

在当今快节奏的软件开发环境中，快速响应需求并实现代码自动生成成为提高开发效率的关键。作为一款前沿的人工智能辅助开发工具，DeepSeek 正以其强大的自然语言理解和代码生成能力，为开发者提供了一条从需求描述到可执行代码自动生成的高效路径。如图 4-2-1 所示。

- 根据需求生成代码片段（Python、JavaScript）
- 自动补全与注释

- 错误分析与修复建议
- 代码性能优化提示

- API 文档生成
- 代码库解释与示例生成

图 4-2-1　代码相关内容

1. 从需求描述到代码生成的流程

(1) 需求明确与输入

在使用 DeepSeek 之前，明确需求是至关重要的。开发者需要详细阐述业务逻辑、功能需求以及期望的输出结果。DeepSeek 支持多种语言输入，开发者只需将需求以自然语言的形式输入 DeepSeek 的聊天窗口中。值得一提的是，DeepSeek 的输入界面设计简洁明了，支持实时反馈和逐步细化需求，使开发者可以逐步明确和完善需求描述。

(2) 需求理解与代码生成

DeepSeek 在获取需求阐述后，会运用前沿的自然语言理解技术对输入内容进行深刻剖析。首先，它会进行语义分析，理解需求中的关键词、短语和句子结构，从而把握需求的整体框架。其次，DeepSeek 会进行领域识别，确定需求所属的业务领域和技术范畴，以便选择合适的编程语言和框架。最后，DeepSeek 会进行逻辑推导，将需求描述转化为可执行的计算逻辑，为后续的代码生成打下基础。

(3) 代码优化与调整

在需求理解的基础上，DeepSeek 会根据预设的代码模板和编程规范，自动生成符合需求的代码。生成的代码不仅满足既定的功能需求，更在代码的可读性、可维护性及可扩展性方面下足功夫。它精心规划代码结构，严格遵循命名规范，并细致添加注释等细节，全方位确保代码的高品质与易读性。此外，DeepSeek 还具备代码优化功能，可以自动识别并修复潜在的代码问题，如性能瓶颈、内存泄露等，进一步提高代码的质量和效率。

2. DeepSeek 在实际开发中的应用案例

(1) 快速原型开发

在产品开发初期，快速构建原型是验证想法和收集用户反馈的关键。

DeepSeek 能够根据需求描述快速生成代码原型，帮助开发者在短时间内构建出功能完备的应用原型。这些原型不仅实现了基础功能，更在用户体验与界面设计上表现出色。通过原型展示，开发者可以更快地收集用户反馈，调整产品方向，进一步加速产品迭代和优化。

（2）复杂业务逻辑实现

对于复杂的业务逻辑，传统的手动编码方式可能需要大量的时间和精力。而 DeepSeek 则依据业务描述智能生成代码，从而极大提高了开发工作的效率。例如，在处理复杂的数据库查询、事务处理或数据转换等任务时，DeepSeek 会快速生成高效且可靠的代码，减少开发者的手动编码工作量。

（3）代码维护与升级

在软件的生命周期里，代码的维护与升级占据着不可或缺的地位。鉴于需求的持续演变与技术的日新月异，软件必须经历不断的更新与优化历程。DeepSeek 会根据新的需求描述，自动对现有代码进行更新和优化。

例如，当需要添加新功能或修复已知问题时，DeepSeek 可以自动生成相应的代码片段或修复方案，大大降低了维护成本。DeepSeek 还具备协助开发者洞察并修正潜在代码问题的能力，进而增强系统的稳固性与安全性。有了 DeepSeek 的辅助，开发者得以将更多精力倾注于业务逻辑的创新实现上，而不必在代码维护与升级上耗费过多时间。

（二）代码审查与优化：提高代码质量与安全性

1. DeepSeek 在代码审查中的实用功能深化

（1）智能错误检测

DeepSeek 在代码审查中的智能错误检测功能，是其核心的优势之一。通过深度学习算法对代码进行深度分析，DeepSeek 可以精确捕捉代码内潜藏的各类问题，这些问题不局限于语法层面的谬误、逻辑漏洞、潜在的内存泄露等。这种深度分析能力，使 DeepSeek 在识别代码问题方面，相较于传统代码审查工具，具有更高的准确性和全面性。

在智能错误检测的过程中，DeepSeek 不仅关注代码的表面错误，更能够深入理解代码的业务逻辑和上下文环境。这种理解能力，使 DeepSeek 能够发现那些隐藏更深、更难以察觉的问题。例如，在复杂的业务逻辑中，一个微小的逻辑错误可能引发整个系统的瘫痪。而 DeepSeek 则能够通过深度分析，准确识别出这类问题，从而避免潜在的风险。

此外，DeepSeek 还能根据代码的历史数据和实时更新，不断优化其错误检测算法。这意味着，随着时间的推移，DeepSeek 在错误检测方面的准确性和效率将不断提高，为开发者提供更加可靠的代码审查服务。

（2）安全性分析

在软件开发中，安全性是至关重要的。一个细微的安全缺口，便足以让整个系统成为攻击者的靶心，从而招致严重的后果。所以，在代码审查的流程中，对代码实施安全性分析是绝不可省略的一环。

DeepSeek 通过集成安全规则库和深度学习模型，能够对代码进行全方位的安全性分析。它能够识别出常见的安全漏洞，如 SQL 注入、跨站脚本攻击（XSS）、跨站请求伪造（CSRF）等，并提供相应的修复建议。这些安全规则库和深度学习模型，是 DeepSeek 在安全性分析方面的核心优势。

值得一提的是，DeepSeek 的安全性分析功能并不局限于识别已知的安全漏洞。它还能够根据代码的历史数据和实时更新，动态调整安全分析策略。这意味着，当新的安全漏洞出现时，DeepSeek 会迅速适应并识别出这些漏洞，从而确保代码的安全性始终保持在较高水平。

（3）代码风格与可读性优化

代码的可读性与风格一致性对于团队协作及代码维护而言，其重要性不言而喻。一个条理清晰、易于解读的代码架构，能够显著提高开发者的编码效率与代码质量。而 DeepSeek 则能够通过智能分析，对代码进行风格检查和可读性优化。

DeepSeek 能够根据预设的编码规范和最佳实践，对代码进行风格检查。它能够识别出代码中的格式不一致、命名不规范和注释不清晰等问题，并提供相应的修复建议。这种自动化风格检查功能，极大地缓解了开发者在手动审查方面的压力，显著提高了代码审查的整体效率。

此外，DeepSeek 还能够对代码进行可读性优化。它能够通过智能分析，识别出代码中的冗余部分、复杂逻辑等，并提供相应的简化建议。这些优化建议，不仅能够提高代码的可读性，还有助于减少因代码复杂而导致的潜在错误。如表 4–2–1 所示。

表 4–2–1　DeepSeek 代码审查功能深度解析表

功能领域	核心功能	深度解析
智能错误检测	利用深度学习算法深度分析代码，准确识别潜在问题	捕捉隐藏问题，全面且准确；持续优化算法，提升检测能力
安全性分析	集成安全规则库与深度学习模型，全方位分析代码安全性	动态调整策略，适应新威胁；提前识别与修复漏洞，增强安全性
代码风格与可读性	遵循预设编码规范，进行风格检查与可读性优化	强化风格一致性，提升可读性；简化冗余与复杂逻辑，提高执行效率
综合优势	—	融合深度学习与 AI 技术，提供精准高效的代码审查服务；持续学习与进化，适应代码变化

2. DeepSeek 在代码优化中的实际应用案例深化

(1) 智能修复已知问题

DeepSeek 在代码优化中的智能修复功能，是其实用功能之一。通过智能分析代码中的已知问题，DeepSeek 能够自动生成修复代码，帮助开发者快速解决问题。

例如，在代码审查过程中，DeepSeek 检测到一个潜在的内存泄露问题。此时，DeepSeek 不仅能够准确指出问题所在，还能够自动生成修复代码。这些修复代码经过 DeepSeek 的深度分析和优化，能够确保问题的彻底解决，同时避免引入新的潜在问题。

此外，DeepSeek 的智能修复功能还支持多种编程语言和框架。这意味着，无论开发者使用的是哪种技术栈，DeepSeek 都能够为其提供智能修复服务。这种跨语言、跨框架的智能修复能力，大大提高了代码优化的效率和准确性。

（2）个性化优化建议

除了智能修复已知问题，DeepSeek 还能够根据代码的具体情况和开发者的需求，提供个性化的优化建议。这些建议可能涉及代码结构、算法优化及性能提升等多个方面。

例如，在审查一个复杂的算法实现时，DeepSeek 可能会提出简化算法结构、优化算法性能等建议。这些建议对于提升代码的可读性与可维护性大有裨益，同时也有助于增强系统的综合性能。

此外，DeepSeek 的个性化优化建议还支持实时更新和动态调整。这意味着，随着代码的不断迭代和优化，DeepSeek 能够根据最新的代码情况，提供更加精准和实用的优化建议。

（3）团队协作与知识共享

DeepSeek 还支持团队协作功能，允许多个开发者同时参与代码审查和优化过程。通过共享代码审查结果和优化建议，团队成员间的合作将更加顺畅，携手促进代码质量的显著提高。

在团队协作过程中，DeepSeek 能够提供实时的代码审查结果和优化建议更新。这意味着，当某个开发者对代码进行修改时，其他团队成员能够立即看到这些修改对代码质量和性能的影响。

（三）实时调试与反馈机制在开发中的应用

在软件开发过程中，高效的调试与及时的反馈是确保项目顺利推进、快速定位并解决问题的关键。

1. DeepSeek 反馈机制的深度解析

(1) 智能错误报告与修复建议的深化

DeepSeek 的智能错误报告功能不仅仅局限于指出错误的位置和类型，更重要的是它能够根据上下文信息，智能推测出错误的可能根源，并给出精确的修复建议。这些建议可能涉及代码重构、变量命名规范、逻辑修正等多个方面，其目的在于助力开发者迅速且精确地解决所面临的问题。此外，DeepSeek 还能够记录历史错误和修复方案，为开发者提供宝贵的知识库资源，以便在未来的开发过程中避免类似问题的发生。如图 4-2-2 所示。

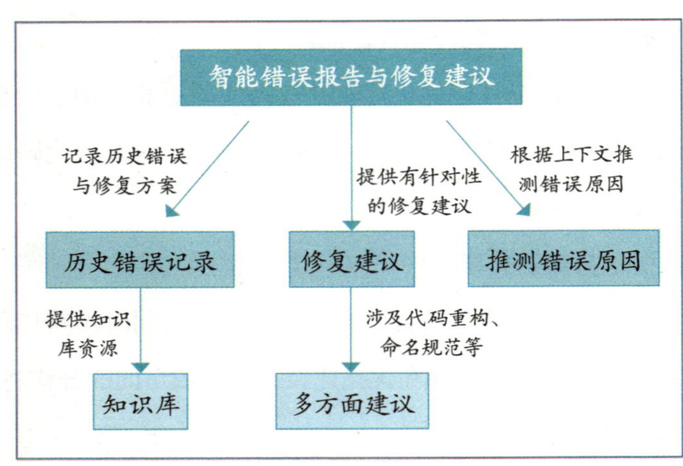

图 4-2-2　智能错误报告与修复建议运行框架

（2）代码质量评估与优化建议的细化

DeepSeek 通过深度分析代码的结构、逻辑和风格，能够全面评估代码的整体质量。它不仅能够识别出代码中的冗余、复杂逻辑和潜在的性能瓶颈，还能够根据最佳实践和编码规范，提供具体的优化建议。这些建议可能包括代码重构、算法优化、内存管理等多个层面，旨在帮助开发者构建更高质量、更易于维护和扩展的代码。此外，DeepSeek 还能够根据代码的历史数据和实时更新，不断优化其评估算法和建议策略，确保为开发者提供最新、最准确的反馈。如图 4-2-3 所示。

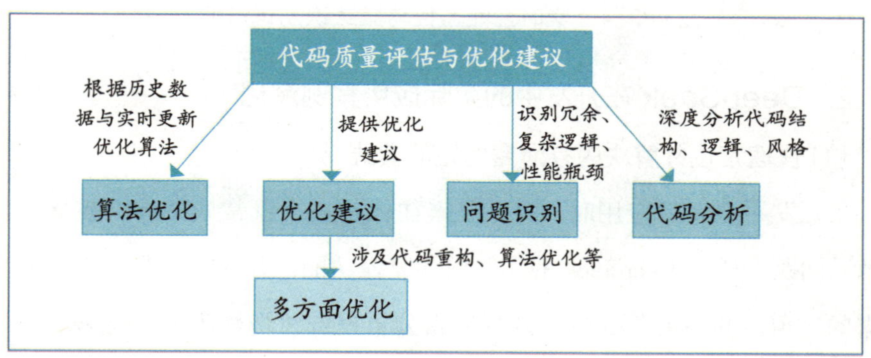

图 4-2-3　代码质量评估与优化建议运行框架

（3）实时性能监控与瓶颈识别的深入

性能问题在软件开发过程中有着举足轻重的地位。DeepSeek 凭借其实时性能监控功能，能够全方位捕捉应用的运行状态，涵盖 CPU 占用率、内存使用情况、磁盘 I/O 等一系列关键性能指标。它能够迅速发现并精确定位性能瓶颈，进而为开发者提供详尽的性能分析报告及切实可行的优化策略。这些建议可能涉及算法改进、数据结构优化、资源调度等多个层面，旨在提高应用的运行效率和响应速度。此外，DeepSeek 还能够根据应用的实时负载和用户需求，动态调整性能监控策略和优化建议，确保应用始终保持在最佳状态。如图 4-2-4 所示。

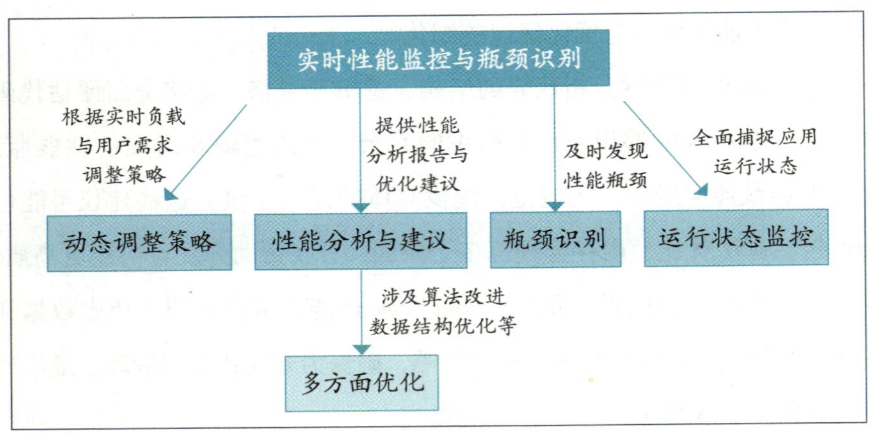

图 4-2-4　实时性能监控与瓶颈识别运行框架

2. DeepSeek 在开发中的实际应用案例深化

(1) 快速定位并解决内存泄露问题的实践

在开发一个大型应用时，内存泄露往往是一个既常见又难以被及时发现的棘手问题。通过 DeepSeek 的实时内存监控功能，开发者能够迅速发现内存泄露的迹象，并借助其提供的内存泄露分析报告和修复建议，快速定位并解决问题。这不仅有效规避了潜在的性能隐患，还显著提升了应用的稳定性与可靠性。

例如，在一个电商平台的开发过程中，DeepSeek 帮助开发者及时发现了一个不当的内存管理导致的内存泄露问题，并通过提供智能的修复建议，成功解决了该问题，从而确保了平台的稳定运行。

(2) 优化算法性能，提升应用响应速度的具体案例

算法性能是影响应用响应速度的关键因素之一。通过 DeepSeek 的性能监控和优化建议功能，开发者能够识别出算法中的性能瓶颈，并进行有针对性的优化。

例如，在一个社交应用的开发中，DeepSeek 通过实时性能监控功能，发

现了一个导致应用响应速度变慢的关键算法瓶颈。开发者根据 DeepSeek 提供的优化建议，对算法进行了重构和优化，从而显著提高了应用的响应速度和用户体验。

（3）团队协作与知识共享的深化应用

DeepSeek 支持团队协作功能，允许多个开发者共享调试结果和优化建议。通过实时同步调试信息和优化建议，团队成员可以更高效地协作，共同高效地解决问题。此外，DeepSeek 还能够记录调试历史和优化过程，为团队提供宝贵的知识共享资源。

例如，在一个金融应用的开发过程中，团队成员通过 DeepSeek 的团队协作功能，实时共享调试信息和优化建议，共同解决了一个复杂的性能问题。同时，他们还利用 DeepSeek 记录的历史数据和优化过程，为团队的知识库增添了新的内容，以便在未来的开发过程中更好地应对类似问题。

三、算法交易与量化投资策略的智能化

（一）算法交易脚本的自动生成与测试

在金融市场日益复杂多变的今天，算法交易以其高效、精准的特点，成为众多投资者和金融机构的首选。然而，算法交易脚本的编写与测试却是一项烦琐且耗时的任务。

1. DeepSeek 算法交易脚本自动生成

DeepSeek 通过其强大的自然语言处理与代码生成能力，根据投资者的需求描述，自动生成高质量的算法交易脚本。这一功能极大地降低了算法交易的门槛，使即使是没有编程经验的投资者也能轻松参与算法交易。

（1）需求描述

投资者只需在 DeepSeek 平台中输入自己的交易策略描述，如“买入股价低

于过去 60 天最低价的股票，并设置止损点为买入价的 95%”等。DeepSeek 便会准确理解这些描述，并将其转化为可执行的交易策略。

（2）脚本生成

基于投资者的需求描述，DeepSeek 会生成相应的算法交易脚本。这些脚本通常采用 Python 等主流编程语言编写，并遵循行业标准的交易框架，如 Zipline、Backtrader 等。生成的脚本不仅包含交易策略的核心逻辑，还包括数据处理、订单执行等辅助功能。

（3）优化建议

DeepSeek 根据历史交易数据和当前市场状况，为投资者提供交易策略的优化建议。这些建议可能涉及参数调整、算法改进等多个方面，旨在帮助投资者提升交易策略的盈利能力和稳定性。

2. DeepSeek 算法交易脚本测试

生成算法交易脚本后，测试是确保其有效性的关键步骤。DeepSeek 提供了丰富的测试工具和方法，帮助投资者快速、准确地评估交易策略的性能。

（1）历史数据测试

DeepSeek 允许投资者使用历史交易数据对生成的交易脚本进行回测。通过模拟交易过程，投资者可以直观地看到交易策略在过去一段时间内的表现，包括收益率、波动率、最大回撤等关键指标。

（2）实时数据测试

除了历史数据测试，DeepSeek 还支持实时数据测试。投资者可以将生成的交易脚本部署到交易平台上，实时接收市场数据并执行交易。借助 DeepSeek 的实时数据测试功能，投资者能够更为精确地评判交易策略在当前市场动态中的实际表现。

（3）压力测试

压力测试是衡量交易策略在极端市场环境下表现的关键方式。DeepSeek

提供了压力测试工具，允许投资者模拟极端市场状况（如市场崩盘、流动性枯竭等），并观察交易策略在这些状况下的表现。投资者可以预先洞察潜在的风险，并据此采取适当的防范措施。

（4）优化与迭代

DeepSeek 提供了丰富的优化算法和工具，如遗传算法、粒子群优化等，帮助投资者快速找到最优的交易策略参数。同时，DeepSeek 还支持版本控制功能，方便投资者跟踪和管理交易策略的变更历史。

3. 实践案例

以一位投资者为例，他希望通过 DeepSeek 生成一个基于动量策略的算法交易脚本。他首先在 DeepSeek 平台上输入了自己的需求描述：“买入过去 30 天内涨幅超过 10% 的股票，并设置止损点为买入价的 90%。” DeepSeek 根据这些描述生成了一个 Python 脚本，并提供了相应的优化建议。

投资者借助历史数据，对生成的脚本实施了回测。测试结果表明，该交易策略在过去一年的时间里，实现了较高的收益率，并且最大回测保持在较低水平。随后，投资者将脚本部署到交易平台上进行了实时数据测试。在测试过程中，DeepSeek 实时监控交易策略的表现，并提供了详细的交易日志和性能报告。

根据测试结果，投资者对交易策略进行了微调，并再次进行了回测和实时数据测试。经过多次迭代后，投资者最终得到了一个稳定且高效的交易策略，并在实际交易中取得了良好的表现。

（二）量化投资策略的回溯测试与优化

在金融投资范畴，量化投资方式凭借其高效运作、客观分析及理性决策的优势，正逐步演变成投资者实现稳定回报的关键途径。然而，任何投资策略在实际应用前都需要经过严格的回溯测试与优化，以确保其在不同市场环境下的表现达到预期。

1. DeepSeek 量化投资策略回溯测试的重要性

回溯测试，也称历史数据验证，是量化投资策略构建流程中一个重要的组成部分。它通过将策略应用于历史数据，模拟实际交易过程，从而评估策略在过去一段时间内的表现。回溯测试的重要性主要体现在以下三个方面。

(1) 验证策略有效性

回溯测试如同一面镜子，让投资者能够清晰地看到策略在过去历史长河中的真实面貌。它绝非只是一场数字游戏，而是深入通过计算策略的收益率、波动率、夏普比率以及最大回测等一系列核心性能指标，为投资者提供了一幅策略性能的全面画像。这些量化的数据，如同一串串密码，解锁了策略的有效性与可靠性之谜，帮助投资者在纷繁复杂的金融市场中筛选出真正具备盈利潜力的策略。

(2) 识别潜在风险

回溯测试的过程，实质上也是一场策略的“压力测试”。它让策略置身于各种历史极端市场环境中，如突如其来的市场崩盘、流动性突然枯竭等惊心动魄的场景，观察策略在这些极端条件下的反应与表现。通过这样的测试，投资者能够敏锐地捕捉到策略在特定市场环境下的薄弱环节与潜在风险点，从而在策略正式实施前，就能够做到心中有数，提前布局风险防控措施，确保策略在实战中的稳健运行。

(3) 优化策略参数

回溯测试的结果，如同一座宝库，为投资者提供了宝贵的策略优化素材。通过对测试数据的深入分析，投资者可以直观地看到不同参数组合下策略的表现差异，进而根据测试结果，科学合理地调整策略的参数设置，如止损点、止盈点、持仓比例等，在确保策略稳定性的基础上，进一步挖掘并增强其盈利能力。这一过程，就如同一位匠人精心雕琢自己的作品，每一次的调整与优化，都是为了让策略更加完美，更加适应市场的变化与挑战。

2. DeepSeek 在量化投资策略回溯测试中的应用

DeepSeek 凭借其强大的数据处理能力和深度学习算法，在量化投资策略回溯测试中发挥着重要作用。

(1)高效数据处理

DeepSeek 展现出卓越的数据处理能力，能够迅速且准确地分析涵盖股票价格、成交量、宏观经济指标等在内的海量历史数据。内置的数据清洗模块能够智能地辨识并解决数据集中存在的异常值与缺失值问题，进而保障数据的完整无误与高度精确。

此外，DeepSeek 还支持多种数据格式和来源的导入，为投资者提供了极大的便利，使他们轻松整合并利用来自不同渠道的宝贵资源。

(2)智能策略评估

DeepSeek 内置了一套全面的量化投资策略评估指标，如夏普比率、信息比率、最大回测等，这些指标能够从多个维度客观反映策略的真实表现。同时，系统还支持投资者根据实际需求自定义评估指标，以实现更加精准的策略评估。

同时，DeepSeek 的智能化算法会基于策略的历史数据表现，自动提出优化建议，如调整策略参数或改进策略逻辑，从而助力投资者不断提升策略的性能。

(3)可视化报告生成

DeepSeek 具备强大的报告生成功能，能够自动生成包含策略表现图表和关键指标统计的回溯测试报告。这些报告内容详尽且直观易懂，能够清晰地展示策略在不同时间段和不同市场环境下的表现情况，适合各层次投资者参考和使用。

不仅如此，DeepSeek 还提供了深入的分析功能，如策略敏感性分析和风险收益分析等，这些功能有助于投资者更深入地理解策略的特性和潜在风险，从而作出更加明智的投资决策。

3. 利用 DeepSeek 优化动量策略

以动量策略为例，投资者希望通过 DeepSeek 对其进行回溯测试与优化。第一步，投资者在 DeepSeek 平台导入历史数据，并设置动量策略的参数，如持有期、观察期等。第二步，DeepSeek 对策略进行回溯测试，生成详细的测试报告。

根据测试报告，投资者发现策略在某些市场环境下表现不佳，如市场波动性增加时。为了优化策略，投资者利用 DeepSeek 的参数调优功能，对持有期和观察期进行了调整。经过多次迭代后，投资者找到了一个表现更优的参数组合。

此外，投资者还利用 DeepSeek 的策略组合功能，将动量策略与其他策略（如均值回归策略）进行组合，以进一步分散风险并提高整体表现。通过 DeepSeek 的优化算法，投资者成功地确定了最佳的策略组合权重配置。

（三）金融市场动态分析与风险管理支持

在当今瞬息万变的金融市场中，准确把握市场动态和有效管理风险是金融机构和投资者实现稳健收益的关键。DeepSeek 本身所具备的强大的数据处理与分析能力，为金融市场动态分析与风险管理提供强有力的支持。

1. 金融市场动态分析

在金融市场动态分析方面，DeepSeek 可以实时抓取全球范围内的金融新闻、宏观经济数据、行业报告等信息，并运用自然语言处理技术进行深度分析。它可以快速梳理出关键信息，识别出市场趋势、行业动态以及潜在风险。

例如，当有新的政策发布时，DeepSeek 能迅速分析其对不同行业和金融资产的影响，帮助投资者提前布局。通过对历史数据和实时信息的综合分析，DeepSeek 还能预测市场的短期波动和长期走势，为投资者提供更具前瞻性的投资建议。

在实际应用中，某证券公司利用 DeepSeek 模型进行市场波动预测。通过对历史市场数据的深度学习，DeepSeek 模型成功预测了市场走势，使公司及时调整投资策略，实现了较好的投资收益。这种动态分析的能力不仅显著提高了投资决策的合理性及精确度，也增强了金融机构在市场竞争中的优势地位。

2. 风险管理支持

在风险管理层面，DeepSeek 同样提供了强有力的支持。金融市场充满了不确定性和风险，有效的风险管理是金融机构和投资者稳健运营的关键。DeepSeek 可以构建出复杂且精细的风险评估模型，用以全方位地审视投资组合所面临的风险状况。它不仅考虑市场风险、信用风险等传统风险因素，还能将一些难以量化的风险纳入评估体系，如市场情绪风险、政策风险等。

以某银行为例，该银行利用 DeepSeek 模型进行个人贷款风险评估。通过对借款人历史数据的深度学习，DeepSeek 模型成功识别出了一批潜在的高风险借款人，有效降低了银行的信贷风险。同时，DeepSeek 模型还可以根据借款人的信用状况和风险等级，通过灵活调整贷款利率及还款期限的策略，旨在达成风险管理与收益优化的均衡状态。这种精细化管理方式不仅促使银行的风险管理能力迈上新台阶，还显著提升了客户体验，进一步巩固了客户的忠诚度。

不仅如此，DeepSeek 在投资组合管理领域同样展现出其非凡的价值。它能够深入分析各类资产间的相关性、波动性等诸多因素，从而精心构建出最优的投资组合方案，确保风险与收益之间达到理想的平衡状态。某基金公司利用 DeepSeek 模型进行投资组合优化，成功构建出了一个风险较低、收益较高的投资组合，为投资者创造了良好的回报。

3. DeepSeek 的实用性与优势

DeepSeek 在金融市场动态分析与风险管理中的实用性得到了广泛认可。其优势主要体现在以下四个方面。

(1) 实时性与准确性

DeepSeek 凭借强大的数据处理与分析能力，实时抓取和分析海量的金融市场信息，包括但不限于股票价格、成交量、汇率变动、政策发布等关键数据。

(2) 全面性

DeepSeek 不仅涵盖了传统的市场风险、信用风险等可量化风险，还将那些难以量化，但同样重要的风险因素，如操作风险、合规风险以及声誉风险等，全部纳入其风险评估体系之中。

(3) 智能化

DeepSeek 不断优化自身的分析模型，引入了深度学习算法等先进技术。这些算法能够自主地从历史数据中学习规律，并根据市场变化持续进行自我调整与优化，以期提升分析与预测结果的精确度。

(4) 个性化

DeepSeek 提供了高度个性化的分析和风险管理方案。无论是对于特定行业、特定市场的深入研究，还是对于特定投资策略的风险评估与优化，DeepSeek 都能够根据客户的需求进行定制化服务。

第五章

DeepSeek 在教育与企业办公领域的实战案例

在数字化教育与企业办公领域，DeepSeek 凭借其智能化、高效化的功能，正在成为提高学习效率与工作效能的重要工具。本章将通过一系列实战案例，展示 DeepSeek 如何赋能教育与企业办公场景。从个性化学习计划的制订到企业资源的智能管理，DeepSeek 通过精准的数据分析和智能推荐，帮助用户优化学习路径、提高团队协作效率。这些案例不仅体现了 DeepSeek 的技术优势，更展现了其在教育与企业办公中的广泛应用价值，为用户提供切实可行的智能化解决方案。

一、智能作业辅导与论文写作支持

（一）数学题分步解析与错题集管理

作为一款创新的教育辅助工具，DeepSeek 让数学学习变得更加高效、有趣，正引领着数学学习的新风尚。它凭借先进的数学题分步解析功能，将复杂的数学问题拆解得清晰明了，让解题过程变得直观易懂。同时，其错题集管理功能更是学生巩固知识、提升成绩的得力助手。

1. 数学题分步解析

在数学学习中，学生经常会遇到难以理解的习题，而 DeepSeek 的智能作业辅导功能可以有效解决这一问题。

DeepSeek 通过其强大的智能算法，能够迅速且准确地捕捉到学生输入的题目信息，并立即提供详尽的分步解析。这种解析不是简单的答案呈现，而是从题目的初步分析开始，逐步深入解题的每一个步骤，直至最终得出答案。

在这一过程中，DeepSeek 会清晰地展示每一步的逻辑推理和计算过程，甚至包括如何巧妙地添加辅助线、如何准确计算角度等关键细节。这种解析方法不仅即刻解决了学生的问题，更重要的是，它向学生传授了一种系统性的解题策略与途径，帮助他们学会灵活运用，以便轻松地应对日后遇到的难题。

以一名初中生解决一道复杂的几何题为例，学生通过 DeepSeek 对话框输入“请证明平行四边形对角线互相平分”的指令。几秒后，DeepSeek 便给出了深入的思考过程以及详尽的解答步骤。从题目的分析、初步解读，到解题步骤的逐一展开，每一步都条理清晰，逻辑严密，让学生一目了然，豁然开朗。如表 5-1-1、表 5-1-2 所示。

表 5-1-1　DeepSeek 深度思考过程

输入指令	DeepSeek 深度思考过程
请证明平行四边形对角线互相平分	我现在要证明平行四边形的对角线互相平分
	首先，我得回忆一下平行四边形的定义和性质。平行四边形是四边形的一种，其中对边平行且相等。也就是说，如果有一个四边形 ABCD，那么 AB 平行且等于 CD，AD 平行且等于 BC
	接下来，题目说的是对角线互相平分，也就是说，如果画出两条对角线 AC 和 BD，它们会在某个点相交，比如说点 O，那么 O 点就是这两条对角线的中点，也就是 AO=OC，BO=OD

续表

输入指令	DeepSeek 深度思考过程
请证明平行四边形对角线互相平分	那么，我应该如何开始证明呢？或许可以用坐标几何的方法，设定一些坐标点，然后通过计算来证明中点相同。或者也可以用向量或者全等三角形来证明。让我先尝试用全等三角形的思路证明，因为这可能更直观一些
	假设有一个平行四边形 ABCD，其中 AB 平行且等于 CD，AD 平行且等于 BC。连接对角线 AC 和 BD，它们相交于点 O。现在需要证明的是 O 点同时是 AC 和 BD 的中点
	我可以考虑三角形 ABO 和三角形 CDO 是否全等。因为 AB 和 CD 是相等的，而且因为是平行四边形，角 BAO 和角 DCO 可能相等，因为 AB 平行于 CD，所以内错角相等？不过这里可能需要更多的步骤
	或者，可能考虑三角形 AOD 和三角形 COB 是否全等。不过这需要更多的分析……

表 5-1-2　DeepSeek 分步解题过程

假设条件	首先，平行四边形的定义是四边形中对边平行且相等。设平行四边形为 ABCD，其中 AB 平行且等于 CD，AD 平行且等于 BC。连接对角线 AC 和 BD，它们相交于点 O
证明方法 1：全等三角形法	**三角形 AOB 和三角形 COD 的全等性**: AB = CD（平行四边形对边相等） 角 OAB = 角 OCD（内错角，AB 平行于 CD） 角 OBA = 角 ODC（内错角，AB 平行于 CD） 根据 AAS（角角边）全等判定，三角形 AOB 全等于三角形 COD 因此，AO = CO，BO = DO，即 O 是 AC 和 BD 的中点
证明方法 2：坐标法	**1. 设定坐标系**: 设 A 在原点 (0,0)，B 在 (a,0)，D 在 (0,b)，则 C 坐标为 (a,b) **2. 对角线中点计算**: 对角线 AC 的中点为 ((0+a)/2, (0+b)/2) = (a/2, b/2) 对角线 BD 的中点为 ((a+0)/2, (0+b)/2) = (a/2, b/2) 两者中点相同，故对角线互相平分

续表

证明方法 3：向量法	1. **参数化对角线**： 设 A 为原点，向量 AB 为 a，向量 AD 为 b，则 C 的向量为 a + b 对角线 AC 参数化为 t(a + b)，对角线 BD 参数化为 a + s(b − a) 2. **解方程求交点**： 解得 t = s = 1/2，交点 O 的向量为 1/2(a + b)，即 AC 和 BD 的中点
综上所述，无论是全等三角形法、坐标法，还是向量法，均证明平行四边形的对角线互相平分	

2. 错题集管理功能

除了分步解析功能，DeepSeek 还具备强大的错题集管理功能。DeepSeek 的错题集并非简单存储题目，而是构建了三维分析模型：一是知识维度，关联课程标准中的能力指标，如“能运用勾股定理解决实际问题”；二是认知维度，通过眼动追踪数据分析学生解题时的注意力分布；三是时间维度，即根据艾宾浩斯遗忘曲线来建议错题的复习间隔。

这一功能允许学生将自己做错的题目添加到错题集中，形成个性化的学习资源库。DeepSeek 会根据错题集的内容，智能推荐相关的练习题和知识点讲解，帮助学生有针对性地巩固薄弱环节，逐步提升学习成绩。

对于教师而言，DeepSeek 的错题集管理功能同样具有重要意义。教师可以通过 DeepSeek 收集学生的错题信息，分析学生的薄弱环节和易错点，从而更加精准地调整教学策略，制订个性化的教学计划。此外，教师还可以利用 DeepSeek 生成的练习题和测试卷，对学生进行定期的评估和反馈，帮助学生更好地掌握知识点，增强学习效果。

总之，DeepSeek 以其独特的分步解析和错题集管理功能，为数学学习带来了前所未有的便捷和高效。它既能即刻解决学生在学习过程中遇到的难题，又能传授给他们一种科学高效的学习方法，让他们在数学的海洋中更加自如地畅游。

（二）论文选题、撰写到查重的全流程辅助

在学术研究领域，面对浩如烟海的文献资料、严谨的逻辑构建要求以及日益严格的学术诚信标准，论文写作无疑成为一项既重要又充满挑战的任务。正是在这样的背景下，DeepSeek 以其卓越的自然语言处理能力和深厚的知识推理功底，为科研人员量身打造了一条从论文选题到撰写，直至查重的全方位、智能化辅助路径。

1. 论文选题：精准导航，激发创新灵感

在论文选题阶段，DeepSeek 如同一位智慧的向导，能够精准捕捉用户的研究兴趣与专长，结合最新的学术动态和研究趋势，为用户推荐一系列既具前瞻性又贴合实际的研究主题和研究方向。

以社会科学领域为例，用户可以在 DeepSeek 中输入“请推荐几个关于社交媒体用户行为的研究主题”，DeepSeek 会迅速提供一系列具有创新性和可行性且具有实践价值的研究主题，还能进一步分析各主题的研究空白与挑战，从而为论文的初步研究工作奠定坚实的理论基础，并提供实践指导。如表 5-1-3 所示。

表 5-1-3 DeepSeek 生成的几个关于社交媒体用户行为的研究主题

输入指令	主题分类	研究主题
请推荐几个关于社交媒体用户行为的研究主题	信息传播与内容消费	▪ 虚假信息的传播机制：用户如何成为假新闻的传播节点？情感驱动与认知偏差的作用 ▪ “信息茧房”的实证研究：算法推荐是否加剧了用户的信息同质化？ ▪ 短视频平台的注意力经济：用户内容消费的时长、跳转行为与成瘾性分析 ▪ 危机事件中的信息扩散：谣言与权威信息在社交网络中的竞争模式

续表

输入指令	主题分类	研究主题
请推荐几个关于社交媒体用户行为的研究主题	心理与行为动机	▪ 社交媒体依赖与心理健康：FOMO（错失恐惧症）如何影响用户使用时长与焦虑水平？ ▪ 自我呈现与身份构建：Z 世代在 Instagram/TikTok 上的“人设”塑造策略 ▪ 点赞行为的社交心理学：用户为何更倾向于被动互动（点赞）而非主动评论？ ▪ 匿名社交中的行为偏差：匿名性是否导致更高的攻击性或自我表露倾向？
	内容生产与互动模式	▪ UGC（用户生成内容）的创作动机：从“分享知识”到“寻求认同”的驱动因素分析 ▪ 网红与粉丝的互动机制：情感劳动、虚拟亲密关系与商业变现的平衡 ▪ 跨平台内容迁移行为：用户为何在不同平台（如微博、小红书）重复发布内容？ ▪ AI 生成内容（AIGC）的接受度：用户对 AI 创作内容的信任度与互动意愿
	平台算法与用户行为	▪ 推荐算法如何塑造用户习惯：短视频“无限滑动”模式的行为强化机制 ▪ 算法偏见与行为极化：观点极端化是否与算法推荐的内容倾向相关？ ▪ 用户对算法的反抗策略：如主动搜索冷门内容、关闭推荐等行为的动机分析
	社会影响与群体行为	▪ 社交媒体与社会运动：标签（如 #MeToo）如何推动集体行动？ ▪ 网络社群的排他性研究：圈层化社群（如豆瓣小组）的语言规范与身份认同 ▪ 老年用户的数字融入：银发群体在社交媒体中的使用障碍与代际互动
	商业化与消费行为	▪ 社交电商的用户决策路径：直播带货中“即时购买冲动”的影响因素 ▪ KOL/KOC 营销效果对比：用户更信任头部网红还是“身边普通人”的推荐？ ▪ 虚拟礼物打赏的心理机制：打赏行为中的社交回报与自我满足感

2. 论文框架：智能构建，提高效率与质量

确定研究主题后，DeepSeek 能够根据主题自动生成逻辑清晰、内容丰富且符合学术规范的论文框架和段落。这不仅极大地减轻了科研人员的写作负担，更为他们提供了宝贵的思考时间，用于深化论点、丰富论据。借助 DeepSeek 生成的框架和段落，用户能高效地进行后续的修改与完善，极大地节省写作所需的时间和精力。

具体而言，DeepSeek 通过分析大量高质量的学术论文，学习并掌握了论文结构布局的规律，能够智能地根据研究领域、论文主题等要求，自动生成包含引言、文献综述、研究设计、数据分析与结果等完整结构的论文框架。此外，DeepSeek 还能智能推荐相关文献与资料，确保论文论据充分、引用准确，有效提升了论文的学术深度和广度。如表 5-1-4 所示。

表 5-1-4 DeepSeek 生成的论文框架

输入指令	一级大纲	二级大纲
请根据以下研究主题帮我生成逻辑清晰、内容丰富且符合学术规范的论文框架 主题："信息茧房"的实证研究：算法推荐是否加剧了用户的信息同质化?	引言	▪ **研究背景** 简述社交媒体的普及与算法推荐技术的广泛应用 提出"信息茧房"概念及其对公众认知、社会分化的潜在影响 指出现有研究对算法推荐与信息同质化关系的争议性 ▪ **研究问题** 核心问题：算法推荐是否加剧了用户的信息同质化? 子问题： 用户在不同推荐机制下的信息获取行为有何差异? 信息同质化是否与用户的心理特征（如认知偏好）相关? ▪ **研究意义** 理论意义：丰富"信息茧房"的实证研究，揭示算法推荐的作用机制 实践意义：为平台优化推荐算法、政策制定者监管提供依据

续表

输入指令	一级大纲	二级大纲
请根据以下研究主题帮我生成逻辑清晰、内容丰富且符合学术规范的论文框架 主题："信息茧房"的实证研究：算法推荐是否加剧了用户的信息同质化?	文献综述	▪ **"信息茧房"的理论基础** 定义与起源（如桑斯坦的"信息茧房"理论） 信息同质化的表现与测量方法 ▪ **算法推荐的作用机制** 推荐算法的类型（协同过滤、内容推荐等） 算法推荐对用户信息选择的影响（如过滤气泡、回音室效应） ▪ **相关实证研究回顾** 现有研究对算法推荐与信息同质化关系的结论（支持与反对的观点） 研究空白：缺乏对用户行为与心理特征的深入分析
	研究设计	▪ **研究假设** H1：算法推荐显著增加了用户信息接触的同质化程度 H2：用户的心理特征（如认知闭合需求）会调节算法推荐对信息同质化的影响 ▪ **研究方法** 数据来源 社交媒体平台（如微博、Twitter）的 API 数据抓取 用户问卷调查（测量心理特征与信息接触行为） 变量定义 自变量：算法推荐强度（如推荐内容占比） 因变量：信息同质化程度（如内容多样性指数） 调节变量：用户心理特征（如认知闭合需求、信息偏好） 数据分析方法 定量分析：回归分析、结构方程模型（SEM） 定性分析：用户访谈（补充解释定量结果）
	数据分析与结果	▪ **样本描述** 样本规模、用户 demographics（年龄、性别、教育水平等） ▪ **信息同质化的测量** 内容多样性指数（如香农熵）的计算结果 ▪ **假设检验** H1 检验：算法推荐强度与信息同质化的关系 H2 检验：用户心理特征的调节效应 ▪ **补充分析** 不同用户群体（如高活跃用户 vs 低活跃用户）的差异 平台类型（如微博 vs 抖音）对结果的潜在影响

续表

输入指令	一级大纲	二级大纲
请根据以下研究主题帮我生成逻辑清晰、内容丰富且符合学术规范的论文框架 主题：“信息茧房”的实证研究：算法推荐是否加剧了用户的信息同质化？	讨论	▪ **研究发现总结** 算法推荐是否显著加剧了信息同质化？ 用户心理特征如何影响这一过程？ ▪ **与文献的对比** 研究结果是否支持或反驳现有理论？ 对“信息茧房”理论的贡献与修正 ▪ **实践启示** 对社交媒体平台优化推荐算法的建议 对政策制定者（如信息多样性监管）的启示 ▪ **研究局限性** 数据来源的局限性（如单一平台数据） 样本偏差（如年轻用户占比过高）
	结论	▪ **研究结论** 重申研究发现及其意义 ▪ **未来研究方向** 跨平台、跨文化比较研究 长期追踪用户行为变化 探索算法透明度与用户教育对信息多样性的影响

3. 论文撰写：智能生成，加速创作进程

在论文撰写阶段，DeepSeek 凭借其强大的文本生成能力，能够根据用户输入的论文大纲或关键词，自动生成高质量的论文草稿。这一功能得益于其深度学习算法和自然语言处理技术的结合，使 DeepSeek 能够理解并模仿学术语言风格，生成既符合学术规范又具有创新性的文本内容。如表 5-1-5 所示。

表 5-1-5　DeepSeek 生成的论文内容

输入指令	DeepSeek 生成的背景内容
请模仿学术语言风格，生成符合学术规范的论文研究背景 研究背景： （1）简述社交媒体的普及与算法推荐技术的广泛应用 （2）提出“信息茧房”概念及其对公众认知、社会分化的潜在影响 （3）指出现有研究对算法推荐与信息同质化关系的争议性	随着信息技术的迅猛发展，社交媒体已成为全球范围内信息传播与交流的重要平台。据统计，截至 2023 年，全球社交媒体用户数量已超过 40 亿，占全球总人口的半数以上（Statista, 2023）。在这一背景下，算法推荐技术作为社交媒体平台的核心功能之一，通过分析用户的历史行为、兴趣偏好及社交关系，为用户个性化推送内容，极大地提高了信息分发的效率与用户体验（Pariser, 2011）。然而，算法推荐技术的广泛应用也引发了学术界和公众对其潜在负面影响的广泛关注，尤其是其对信息多样性及公众认知结构的深远影响 “信息茧房”（Information Cocoons）这一概念由哈佛大学学者凯斯·桑斯坦（Cass Sunstein）于 2006 年首次提出，用以描述个体在信息获取过程中，因选择性接触与算法过滤而逐渐局限于特定观点或信息类型的现象（Sunstein, 2006）。这种现象可能导致信息同质化（Information Homogenization），即用户接触到的信息内容趋于单一化，缺乏多样性。“信息茧房”的形成不仅可能限制个体的认知视野，还可能加剧社会的观点极化与群体分化（Bakshy et al., 2015）。例如，研究表明，在政治议题中，算法推荐可能导致用户更多地接触与自己立场一致的信息，从而强化其固有观点，削弱对多元观点的包容性（Flaxman et al., 2016）…… 因此，本研究旨在通过实证方法，探讨算法推荐技术如何加剧用户的信息同质化，并进一步分析用户心理特征在这一过程中的调节作用。研究结果不仅有助于深化对“信息茧房”理论的理解，还可为社交媒体平台优化推荐算法、政策制定者设计信息多样性监管措施提供科学依据

用户可以在 DeepSeek 生成的草稿基础上进行个性化修改和补充，从而快速完成论文初稿的撰写。此外，DeepSeek 还可以进行实时语法检查和拼写校

正，以保障论文语言表述的精确无误与流畅自然。对于需要引用大量文献的论文，DeepSeek 的自动引用功能能够极大地简化引用管理过程，避免引用错误，提高论文的学术严谨性。

在撰写过程中，DeepSeek 还能根据用户的反馈和需求，不断优化和调整生成的文本内容，以确保论文的整体质量和学术价值。通过 DeepSeek 的辅助，科研人员可以更加专注于论文的核心思想和创新点，提高论文的学术影响力和发表成功率。

4. 论文查重：严格把关，守护原创成果

论文的原创性是学术研究的生命线，DeepSeek 在查重环节同样展现出其无可比拟的优势。通过与全球范围内庞大的学术文献数据库进行高效比对，DeepSeek 能够迅速识别并标记出论文中的任何抄袭痕迹或过度引用，同时提供详尽的修改建议，帮助用户在不改变原意的前提下重新表述，确保论文的原创性和学术诚信。这一过程不仅强化了论文的学术质量，也提升了其可读性和影响力，为论文的成功发表奠定了坚实的基础。

(三) 教育资源的智能推荐与个性化学习计划

在教育领域，智能匹配教育资源与制订个性化学习路径是提高教学质量和学习成效的关键策略。DeepSeek 能够依据学生的学习进度、兴趣偏好及实际需求，精准推荐适宜的学习资料和课程，助力学生构建贴合自身的学习规划。

例如，一名高中生在准备高考时，通过 DeepSeek 输入了自己的学习进度和目标分数，请求推荐相关的学习资源和课程。DeepSeek 迅速响应，为他提供了一系列高质量的学习资源和课程推荐，包括在线视频课程、习题集、模拟试题等。同时，DeepSeek 还根据他的学习进度和目标分数，为他制订了一份个性化的学习计划。这份计划详细列出了每天需要学习的知识点和练习题，以

及每周需要完成的测试和评估。这不仅能够帮助学生有条不紊地复习备考，还能够提高学生的学习效率和成绩。如表 5-1-6 所示。

表 5-1-6　DeepSeek 推荐的学习资源和课程

输入指令	资源分类	学习资源和课程
我是一名正在准备高考的高中生，数学比较薄弱，我的数学高考目标是 130 分，请帮我推荐一些相关的学习资源和课程	教材和教辅书	《五年高考三年模拟》：这本书包含了近五年的高考真题和模拟题，适合查漏补缺和提升解题技巧 《王后雄学案》：这本书知识点讲解详细，适合基础薄弱的学生 《天利 38 套》：这套书包含了大量的高考真题和模拟题，适合进行专项训练和综合练习
	在线课程	学而思网校：提供系统的高考数学课程，涵盖基础、提高和冲刺三个阶段，适合不同层次的学生 猿辅导：有针对高考数学的专项课程，老师讲解详细，适合查漏补缺 作业帮直播课：提供高考数学的直播课程，互动性强，可以实时解答疑问
	学习 App	洋葱学院：提供丰富的数学视频课程，讲解生动有趣，适合基础薄弱的学生 小猿搜题：可以通过拍照搜题获取详细的解题步骤和讲解，适合自学和复习 学霸君：提供在线答疑和题库练习，适合随时随地进行学习
	视频资源	B 站（哔哩哔哩）：搜索“高考数学”，可以找到很多免费的高质量教学视频，如“李永乐老师”的数学课程 YouTube：搜索“高考数学”，可以找到一些优质的数学教学视频，适合自学
	学习方法和建议	制订学习计划：根据自己的薄弱环节，制订详细的学习计划，每天坚持练习 错题本：将做错的题目整理到错题本上，定期复习，避免重复犯错 模拟考试：定期进行模拟考试，熟悉考试节奏，提升应试能力 请教老师和同学：遇到不懂的问题，及时向老师和同学请教，不要积累疑问

此外，DeepSeek 还能够依据学生的学习反馈及成绩动态，灵活调整学习计划并优化推荐的学习资源。例如，当学生在学习某个知识遇到困难时，DeepSeek 会为他提供更多的练习题和解析；当学生的学习成绩有所提高时，DeepSeek 会为他推荐更具挑战性的学习资源和课程。这种动态适应的调整机制能够确保学生的学习始终保持高效与最佳状态。

总之，DeepSeek 在教育领域的应用已彰显出巨大的潜力与重要价值。通过智能作业辅导、论文写作支持、教育资源智能推荐与个性化学习计划等功能，DeepSeek 能够帮助教师和学生提高教学效率和学习成绩。

二、企业办公自动化与智能化升级

随着信息技术的飞速发展，企业办公自动化和智能化已成为提高效率、降低成本的重要手段。DeepSeek 作为一个先进的人工智能平台，在企业办公领域的应用不仅能够优化传统工作流程，还能通过智能化手段解决许多复杂问题。本节将从门店经营日报与竞品分析报告的智能生成、会议记录与日程管理的自动化实现、企业内部沟通与协作效率的提高策略三个方面，详细探讨 DeepSeek 在企业办公自动化与智能化升级中的实战应用。

（一）门店经营日报与竞品分析报告的智能生成

在企业经营中，门店经营日报和竞品分析报告是管理层了解市场动态、制定战略决策的重要依据。然而，传统的手工编制方式不仅耗时耗力，还容易受人为错误影响，导致数据不准确或分析不周全。DeepSeek 凭借其智能化的数据处理与分析能力，显著提高了这两类报告的生成效率与准确性。

1. 门店经营日报的智能生成

门店经营日报通常包括每日销售额、客流量、库存情况、客户反馈等关键数据。在传统方式下，门店员工需要手动整理数据并生成报告，这一过程不仅烦琐，还容易出现遗漏或错误。DeepSeek 则可以实现门店经营日报的智能生成。

（1）数据自动采集与整合

DeepSeek 可以与企业现有的 POS 系统、库存管理系统、客户关系管理系统（CRM）等进行无缝对接，自动获取门店的销售记录、库存状况及客户反馈信息，并将其整合到统一的平台上。

（2）智能分析与可视化

DeepSeek 内置的数据分析模块能够对采集到的数据进行实时分析，生成销售额趋势图、客流量分布图、库存周转率等关键指标的可视化图表。这些图表不仅直观易懂，还能使管理层迅速洞察潜在的问题所在。

（3）自动生成报告

基于分析结果，DeepSeek 可以自动生成结构化的门店经营日报，内容包括数据摘要、关键指标分析、问题预警及改进建议等。报告生成后，系统会自动将其分发给对应的管理人员，保证信息的即时传达。

门店经营日报的智能生成流程图说明。如图 5-2-1 所示。

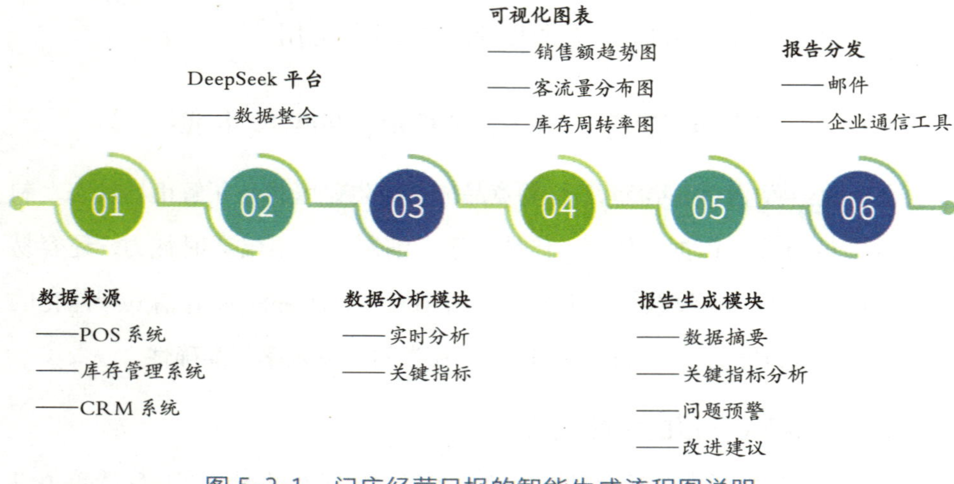

图 5-2-1　门店经营日报的智能生成流程图说明

数据来源：POS 系统、库存管理系统、CRM 系统等作为数据来源，提供销售数据、库存数据、客户反馈等信息。数据流向 DeepSeek 平台。

DeepSeek 平台：数据在 DeepSeek 平台中被集中整合，构建成一个统一的数据池，随后，这些整合后的数据被导向数据分析模块进行进一步处理。

数据分析模块：DeepSeek 对数据进行实时分析，生成关键指标（如销售额趋势、客流量分布、库存周转率等）。分析结果以可视化图表的形式进行展示。

可视化图表：销售额趋势图、客流量分布图以及库存周转率图，以便更直观地分析和优化运营表现。

报告生成模块：基于分析结果，DeepSeek 自动生成结构化的门店经营日报。报告内容包括数据摘要、关键指标分析、问题预警及改进建议。

报告分发：生成的报告通过邮件或企业通信工具自动发送给相关管理人员，以确保信息的及时传递。

2. 竞品分析报告的智能生成

竞品分析在制定企业市场策略中扮演着关键角色。传统的竞品分析通常依赖人工收集市场数据、竞品动态等信息，效率低下且难以保证数据的全面性。DeepSeek 则可以实现竞品分析报告的智能生成。

（1）竞品数据自动抓取

DeepSeek 可以接入公开的电商平台、社交媒体、行业报告等数据源，自动抓取竞品的价格、促销活动、产品评价、市场份额等信息。

（2）竞品动态实时监控

DeepSeek 能够对竞品的动态进行实时监控，如新品发布、价格调整、营销活动等，并将这些信息及时推送给企业相关人员。

（3）智能分析与报告生成

DeepSeek 内置的竞品分析模块能够对抓取到的数据进行多维度分析，如竞品的市场定位、产品优劣势、客户反馈等。基于分析结果，系统可以自动生成竞品分析报告，内容包括竞品动态、市场趋势、竞争策略建议等。

通过 DeepSeek 的智能化应用，企业不仅能够大幅提高门店经营日报和竞品分析报告的生成效率，更能保证数据的精确度和分析的完整性，为管理层制定决策提供坚实的数据支撑。

（二）会议记录与日程管理的自动化实现

在企业日常办公中，会议记录与日程管理是两个至关重要的环节。然而，传统的会议记录手段多依赖人工操作，容易引发信息遗漏或记录偏差的问题；而日程管理也常常因为信息的不对称或沟通障碍而致使工作效率低下。DeepSeek 通过智能化的语音识别、自然语言处理和自动化调度技术，能够有效解决这些问题。

1. 会议记录的自动化实现

（1）语音识别与实时转录

DeepSeek 融入了前沿的语音识别技术，能够实时把会议中的语音转化为文字记录。无论是面对面的会议还是线上会议，系统都能准确捕捉每位发言者的讲话内容，并生成结构化的会议记录。

（2）关键信息提取与摘要生成

DeepSeek 的自然语言处理模块能够自动识别会议中的关键信息，如决策事项、任务分配、时间节点等，并生成会议摘要。摘要内容精练且清晰，便于参会人员迅速把握会议要点。

（3）任务自动分配与跟踪

在会议中提到的任务分配，DeepSeek 能够自动识别任务内容、负责人和截止时间，并将其添加到企业的任务管理系统中。系统还会在任务截止前发送提醒通知，以保障任务能够准时完成。如图 5-2-2 所示。

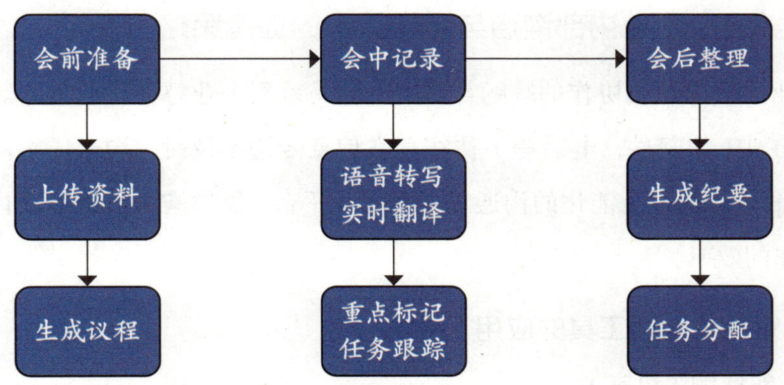

图 5-2-2 会议记录的智能生成流程

2. 日程管理的自动化实现

（1）智能日程安排

DeepSeek 能够智能分析参会者的日程，自动提出恰当的会议时段，并自动发送会议邀约。系统还能够识别日程冲突，并提供解决方案，避免因时间冲突导致的会议延误。

（2）日程同步与提醒

DeepSeek 能够与企业现有的日历系统（如 Outlook、Google Calendar 等）无缝对接，实现日程的自动同步。系统会预先发送会议提醒，以保障参会者能准时参加关键会议。

（3）会议效率分析

DeepSeek 能够对会议的效率进行分析，如会议时长、参会者参与度、决策效率等，并生成会议效率报告。这些数据能为企业优化会议流程、提高会议效率提供有力支持。

通过 DeepSeek 的自动化会议记录和日程管理功能，企业不仅能够大幅提高会议效率，还能确保会议内容的准确记录和任务的及时执行。

（三）企业内部沟通与协作效率的提高策略

企业内部沟通与协作的顺畅与否，直接关系到企业整体运营效率。传统的沟通方式（如邮件、电话等）往往存在信息传递不及时、沟通成本高等问题。DeepSeek 通过智能化的沟通工具和协作平台，能够有效提高企业内部沟通与协作的效率。

1. 智能化沟通工具的应用

（1）智能聊天机器人

DeepSeek 的智能聊天机器人可以集成到企业的即时通信工具（如企业微信、钉钉等）中，为员工提供 24 小时在线的智能问答服务。无论是查询公司政策、申请休假，还是获取技术支持，员工都可以通过聊天机器人快速获得帮助。

（2）语音与视频会议的智能化支持

DeepSeek 能够为企业的语音和视频会议提供智能化支持，如自动生成会议纪要、实时翻译多语言会议内容等，确保跨部门、跨地区的沟通无障碍。

2. 协作平台的智能化升级

（1）任务协同与进度跟踪

DeepSeek 的协作平台具备自动化任务指派与追踪进度的功能。员工可以在平台上查看自己的任务列表、任务进度及截止时间，系统还会在任务即将到期时发送提醒，确保任务按时完成。

（2）文档协同与版本管理

DeepSeek 的文档协同功能允许多名员工同时编辑同一份文档，系统会自动保存每个版本，并记录修改历史。员工能够随时查阅文档的修订历史，以保障文档的精确无误和一致性。

（3）知识库与智能搜索

DeepSeek 可以为企业构建智能化的知识库，将企业的规章制度、操作手册、项目文档等集中管理。员工可以利用智能搜索功能迅速定位所需信息，从而消除因信息不匹配造成的沟通难题。

3. 数据分析与优化建议

DeepSeek 能够对企业的沟通与协作数据进行分析，如沟通频率、任务完成率、协作效率等，并生成分析报告。基于这些数据，系统可以为企业提供优化建议，如调整沟通流程、优化任务分配等，从而进一步提高企业的整体运营效率。

通过 DeepSeek 在企业办公自动化与智能化升级中的应用，企业不仅能够大幅提高工作效率，还能优化资源配置、降低运营成本。无论是门店经营日报与竞品分析报告的智能生成，还是会议记录与日程管理的自动化实现，抑或是企业内部沟通与协作效率的提高，DeepSeek 都能充分展现其卓越的技术能力和广泛的实际应用潜力。

三、内容创作与传播的智能化探索

（一）短视频脚本的多模态生成与分镜建议

在数字化时代，短视频已成为信息传播及娱乐消费的一种重要途径。如何高效地创作出引人入胜的短视频脚本，并给出精准的分镜建议，是每个内容创作者面临的挑战。DeepSeek 作为国产开源大模型的杰出代表，以其强大的自然语言处理和多模态理解能力，为短视频创作提供了全新的解决方案。

1. DeepSeek 的多模态生成能力

DeepSeek 的核心竞争力在于其卓越的自然语言处理技术和多模态信息理解能力。通过输入简洁明了的提示词，DeepSeek 能够迅速生成包含场景、角色、对话以及镜头语言的详细视频脚本。例如，在制作一个关于旅行 vlog 的短视频时，只需在 DeepSeek 对话框中输入："生成一个关于旅行 vlog 的短视频脚本，包含风景描述、人物互动和内心独白。" DeepSeek 将输出一个结构清晰、内容丰富的脚本框架，甚至细化到每个镜头的拍摄手法和画面描述。如表 5-3-1 所示。

表 5-3-1　DeepSeek 生成的旅行 vlog 短视频脚本

输入指令	场景	画面描述
生成一个关于旅行 vlog 的短视频脚本，包含风景描述、人物互动和内心独白	**场景 1**： 清晨的丽江古城 （画面：薄雾笼罩下的古城全景）	内心独白（轻快）："逃离城市的喧嚣，我终于来到了心心念念的云南。清晨的丽江古城，安静得能听见自己的心跳"
	场景 2： 穿梭在古城小巷 （画面：石板路、纳西族老奶奶、特色小店）	人物互动："奶奶，这个披肩好漂亮啊！" 老奶奶（慈祥地笑）："姑娘，试试看，很适合你" 内心独白（温暖）："古城的每一处角落，都藏着温暖的故事"
	场景 3： 玉龙雪山脚下 （画面：雪山全景、经幡飘扬）	内心独白（震撼）："站在玉龙雪山脚下，才真正感受到大自然的壮美和人类的渺小"
	场景 4： 洱海边骑行 （画面：蓝天白云、洱海波光粼粼、自行车）	人物互动："加油！我们比赛看谁先骑到前面那棵树下！" 朋友（气喘吁吁）："不行了，你骑得太快了！" 内心独白（自由）："迎着风，感受阳光，这一刻，我仿佛拥有了全世界"
	场景 5： 夜晚的篝火晚会 （画面：篝火、跳舞的人群、星空）	人物互动："来啊，一起跳舞！" 陌生人（热情地伸出手）："好啊！" 内心独白（感动）："旅行的意义，不仅在于看风景，更在于遇见不同的人，感受不同的文化"
	场景 6： 返程飞机上 （画面：窗外云海）	内心独白（平静）："云南，一个来了就不想走的地方。这次旅行，让我重新认识了生活，也找到了更好的自己"

续表

输入指令	场景	画面描述
生成一个关于旅行 vlog 的短视频脚本，包含风景描述、人物互动和内心独白	结尾	画面：剪辑旅行中的精彩片段，配上轻快的音乐 字幕：“世界那么大，我想去看看。下一站，你想和我一起去哪里？”

DeepSeek 的多模态生成能力不仅限于文字脚本，还能扩展到图像和音频领域。通过整合 DeepSeek 与其他 AI 工具，如音、视频处理工具录咖，可以实现视频内容的自动生成与多语言配音。在这一过程中，DeepSeek 负责提供精准的提示词和脚本，而录咖则负责匹配相应的图像、视频片段以及音频素材，这极大地提升了视频创作的速度与品质。

2. DeepSeek 在短视频脚本生成中的应用

（1）标题与钩子开头

标题是吸引观众点击的第一步。使用 DeepSeek 生成短视频标题时，创作者可以输入：“生成一个吸引人的短视频标题，主题是旅行 vlog，风格是轻松有趣。” DeepSeek 将根据主题和风格要求，生成一个既符合内容又富有吸引力的标题。

钩子开头是留住观众的关键。在 DeepSeek 中输入：“为短视频写一个吸引人的钩子开头，主题是旅行中的意外惊喜。” DeepSeek 将生成一个引人入胜的开头，以激起观众持续观看的好奇心与兴趣。

（2）脚本内容优化

对于已有的短视频脚本，可以使用 DeepSeek 进行优化。例如，创作者可以输入：“优化以下短视频脚本，让语言更流畅，情节更吸引人。” DeepSeek 将分析脚本内容，提出改进建议，使脚本更加生动、有趣。

（3）分镜建议

DeepSeek 不仅能生成脚本内容，还能提供精准的分镜建议。在输入脚本需求时，创作者可以明确要求 DeepSeek 提供分镜描述。例如："生成一个关于旅行 vlog 的短视频脚本，包含时间轴、画面描述、文案和分镜提示词。"DeepSeek 将根据脚本内容，输出每个镜头的画面描述、拍摄手法、文案以及光影参数等详细信息，为后期制作提供有力支持。

3. DeepSeek 在实际案例中的应用

以制作一个关于普洱茶文化的宣传视频为例，创作者可以通过 DeepSeek 进行以下操作。

（1）输入脚本需求

在 DeepSeek 中输入："我要制作一个关于普洱茶文化的宣传视频，请设计一个 30 秒的脚本，包含时间轴、画面描述、文案和分镜提示词，以表格形式输出。"DeepSeek 将根据主题自动生成包含分镜描述、文案、音效建议的脚本表格。如表 5–3–2 所示。

表 5–3–2　DeepSeek 生成的短视频脚本表格

时间轴	画面描述	文案	分镜提示词
0—3 秒	航拍云南高山云雾，古茶树在晨光中若隐若现	"千年古树，云深不知处"	广角慢推，雾气流动特效
3—6 秒	特写苍老茶树枝条，嫩芽滚落晨露	"一芽一叶，凝结时光"	微距镜头，水滴慢动作
6—9 秒	茶农竹篓采茶剪影，传统服饰与粗粝手掌特写	"十代人，守艺三百年"	逆光拍摄，剪影与手部特写切换
9—12 秒	晒青毛茶在竹席翻飞，蒸汽升腾的压制车间	"日光萎凋，石磨定形"	俯拍旋转镜头，蒸汽动态模糊

续表

时间轴	画面描述	文案	分镜提示词
12—15 秒	茶饼压字特写，棉纸包装过程快剪。	“一饼一印，皆为承诺”	机械臂视角快切，聚焦印章细节
15—18 秒	紫砂壶注水慢镜，茶汤如琥珀倾泻	“岁月陈香，唤醒时光”	液体高速摄影，飞溅水珠特写
18—21 秒	不同年代茶饼在光束中旋转陈列	“越陈越醇，历久弥珍”	轨道环绕拍摄，年代字幕叠加
21—24 秒	现代茶室中青年群体举杯品茗微笑	“古今交融，茶香永续”	浅景深，焦点从古器皿过渡到现代茶杯
24—27 秒	茶山全景渐隐，出现书法体 slogan	“普洱有道，养心无界”	毛笔字逐笔动画，背景茶山淡出
27—30 秒	品牌 LOGO 与古茶树轮廓叠化，二维码光效浮现	“扫描开启您的普洱之旅”	三维材质转换，动态光效引导

（2）优化分镜提示词

对于生成的初步分镜提示词，创作者可以进一步细化指令：“请将每个画面的主体、环境细节、光影参数补充完整。” DeepSeek 将根据要求，输出更加详细、精准的分镜提示词，为后期制作提供有力保障。

（3）结合其他 AI 工具进行视频生成

将 DeepSeek 生成的脚本和分镜提示词导入音频和视频处理工具中，通过 AI 自动匹配场景素材库中的图像与视频片段，生成初步影片。再通过 AI 配音功能，选择不同音色与语气的语音合成，实现情感化表达。最终，一个关于普洱茶文化的宣传视频就制作完成了。

DeepSeek 以其强大的自然语言处理和多模态理解能力，为短视频脚本的多模态生成与分镜建议提供了全新的解决方案。通过输入简洁明了的提示词，

DeepSeek 能够迅速生成内容丰富、结构清晰的视频脚本，并提供精准的分镜建议。结合其他 AI 工具，如音频、视频处理工具，可以实现视频内容的自动生成与多语言配音，极大地提高了视频创作的效率和质量。

（二）直播话术的实时优化与观众互动提升

在直播日益成为重要的营销和互动平台的今天，如何高效利用智能工具优化直播话术、提升观众互动，成为众多主播和创作者关注的焦点。DeepSeek 作为一款智能化的自媒体运营工具，通过大数据分析，为直播话术的实时优化与观众互动提升提供了有力支持。

1. 利用 DeepSeek 实时优化直播话术

DeepSeek 能够实时分析直播数据，包括观众反馈、互动频率、留存率等关键指标，帮助主播快速识别受欢迎的话术类型和互动方式。主播可以根据这些数据，及时调整话术内容，使直播更加贴近观众喜好，增强互动效果。例如，当 DeepSeek 显示某一类型的话术能够显著提高观众参与度时，主播可以加大这类话术的使用频率，增强直播的吸引力。如表 5-3-3 所示。

表 5-3-3　DeepSeek 生成的直播话术

场景	话术目的	话术示例	互动技巧
开场吸引注意力	快速吸引观众，建立联系	“大家好！欢迎来到我的直播间！今天有超多惊喜等着你们，先打个招呼让我看到你们在哦～”	热情打招呼，引导观众回应；使用简单互动指令（如“扣 1”）
提问互动	引发观众思考，增强参与感	“大家觉得今天这款产品适合什么场合用？评论区告诉我！”	提出开放式问题，鼓励观众留言；及时回应评论

续表

场景	话术目的	话术示例	互动技巧
投票选择	让观众有决策感，增加互动	“接下来我们试哪个颜色？A 红色，B 蓝色，C 绿色，快在评论区告诉我！”	提供简单选项，降低参与门槛；实时反馈观众选择
抽奖 / 福利	激发观众兴趣，提升留存率	“今天直播间有福利！关注 + 点赞 + 评论‘想要’，我会随机抽 3 位小伙伴送出神秘礼物！”	设置简单参与规则，强调即时性；营造紧张氛围
故事化引导	增加情感共鸣，吸引观众注意力	“这款产品背后有个超暖心的小故事，大家想听吗？想听的扣 666！”	用故事吸引观众，结合互动指令；语气生动，富有感染力
制造紧迫感	促进观众行动（购买、参与）	“这款产品库存只剩最后 10 件了！想要的小伙伴赶紧下单，错过今天就没有这个价格了！”	强调稀缺性和时间限制；语气急促，制造紧张氛围
点名互动	增强观众归属感，提升参与热情	“我看到‘小可爱’在评论区问问题了，我来解答一下！”	点名观众昵称，增加亲切感；及时回应观众问题
引导分享	扩大直播间曝光度，吸引新观众	“觉得今天直播内容不错的小伙伴，赶紧分享给你的朋友，一起参与抽奖！”	强调分享的好处（如抽奖机会）；语气轻松自然
总结回顾	强化观众记忆，提升满意度	“今天我们聊了这么多，大家最喜欢哪个环节？评论区告诉我，下次我会准备更多类似内容！”	引导观众回顾直播内容；为下次直播做铺垫
结束语	留下深刻印象，引导关注	“今天的直播就到这里啦！感谢大家的陪伴，记得关注我，下次直播会有更多惊喜哦！晚安！”	表达感谢，引导关注；语气温暖，营造结束氛围

在直播过程中，DeepSeek 能够智能识别并推荐更贴合直播场景和观众兴趣的话术。主播可以借助这些推荐，灵活调整直播内容，使话术更加生动、有趣，从而更好地吸引和留住观众。这种智能推荐机制既缓解了主播的创作

负担，又增强了直播的即时互动性和观众的参与体验。

DeepSeek 不仅限于对已有话术的改进，还能帮助主播生成全新的话术内容。主播可以根据直播主题和目标观众群体，输入相关关键词，DeepSeek 即可生成一系列符合需求的话术建议。这些建议涵盖了欢迎语、感谢语、互动提问、产品介绍等多个方面，为主播提供了丰富的话术资源。

2. 借助 DeepSeek 精准提升观众互动

除了话术优化，DeepSeek 还能助力主播提升观众互动。通过实时分析观众行为，DeepSeek 能够预测观众的潜在需求和兴趣点，为主播提供精准的互动建议。例如，在观众参与度下降时，DeepSeek 可能推荐主播进行抽奖活动或提问互动，以重新激发观众的兴趣。这种基于数据驱动的互动策略，能够大幅提高直播的互动水平及观众留存比例。

需要注意的是，主播在利用 DeepSeek 进行直播话术优化时，要保持话术的自然性和真诚性。虽然智能工具能够提供高效的话术建议，但主播在使用时仍需结合个人风格和直播氛围，进行适当的调整和润色。同时，主播还应积极倾听观众反馈，不断学习和改进，使直播话术更加贴近观众需求，提高直播的整体质量。

DeepSeek 作为一款智能化的自媒体运营工具，在直播话术优化与观众互动提升方面发挥着重要作用。通过实时数据分析、智能推荐和话术生成等功能，DeepSeek 能帮助主播更加精准地把握观众需求，提升直播的互动性和吸引力。未来，随着智能技术的持续进步，DeepSeek 将在直播领域展现出更为广泛且深远的影响。

（三）社交媒体内容策划的智能化管理

在当今社交媒体盛行的时代，内容策划与发布已成为企业和个人提升品牌影响力、吸引目标受众的重要手段。然而，随着平台多样化和内容竞争的白热化，如何高效地进行内容策划与发布，成为许多运营者面临的难题。DeepSeek 作为一款强大的 AI 模型，为社交媒体内容策划与发布的智能化管理提供了全新的解决方案。

1. 智能内容策划，精准定位受众

DeepSeek 凭借强大的自然语言处理和数据抓取能力，能够快速分析目标受众的行为数据，包括浏览历史、互动内容等，从而构建出详细的用户画像。这一功能为内容策划提供了精准的数据支持。运营者可以根据 DeepSeek 分析出的用户兴趣偏好、年龄层次和消费能力等信息，制定更贴合受众需求的内容策略。

例如，在策划小红书内容时，DeepSeek 能分析用户对美妆、时尚、生活方式等不同类型笔记的点赞、收藏和评论行为，助力运营者识别出最受用户青睐的内容类型。依据这些洞察，运营者能更有策略地规划内容，进而增强内容的吸引力及传播效果。

2. 智能优化策略，提高内容质量

在内容创作过程中，DeepSeek 还能提供智能优化建议。通过对内容的传播数据进行分析，DeepSeek 能精准指出内容的优势与不足，为后续创作提供改进方向。例如，如果一篇公众号文章的阅读量不佳，DeepSeek 能诊断问题所在，是标题缺乏吸引力，还是内容质量欠佳，或是发布时间不合适，从而帮助运营者优化内容创作和发布策略。

此外，DeepSeek 还能分析同领域热门账号的相关数据，为运营者提供内容创作的灵感和参考。通过借鉴成功案例，运营者可以不断提高内容质量，打造更具吸引力的社交媒体形象。如表 5-3-4 所示。

表 5-3-4 DeepSeek 在社交媒体内容策划智能化管理中的主要功能和应用场景

功能模块	具体功能	应用场景	优势
智能内容策划	分析目标受众的行为数据（浏览历史、互动内容等），构建用户画像	策划小红书内容时，分析用户对美妆、时尚、生活方式等笔记的点赞、收藏和评论行为	精准定位受众兴趣偏好、年龄层次和消费能力，制定贴合受众需求的内容策略
智能优化策略	智能分析内容传播数据，提供智能优化建议（如标题吸引力、内容质量、发布时间等）	分析公众号文章阅读量低的原因，优化标题、内容质量或发布时间	帮助运营者发现内容不足，优化创作和发布策略，增强内容传播效果
竞品分析与灵感参考	分析同领域热门账号数据，提供内容创作灵感和参考	借鉴同领域成功案例，优化内容创作方向，提升社交媒体形象	利用数据分析优化内容，持续提升内容品质，增强品牌影响力
多平台适配	支持多平台（如小红书、公众号等）的内容策划与发布管理	针对各社交媒体平台特点，制定个性化内容策略，以满足各平台用户的独特需求	实现智能化的跨平台内容管理，提高运营工作的效率
实时数据分析	持续追踪内容传播成效，并提供实时调整策略建议	根据实时数据调整内容发布时间、互动策略等，最大化内容传播效果	动态优化内容策略，确保内容始终贴合用户偏好及平台趋势

总之，DeepSeek 为社交媒体内容策划与发布的智能化管理提供了强大的支持。通过智能内容策划和智能优化策略等，DeepSeek 不仅可以提高运营效率，还可以提高内容质量和传播效率。在未来的社交媒体运营中，DeepSeek 将成为越来越多运营者的得力助手。

第六章

DeepSeek 在科研、专业领域与家庭场景的创新应用

在科研、专业领域与家庭场景中，DeepSeek 凭借其强大的数据处理能力和智能化功能，正在重新定义效率与创新的边界。本章将深入探讨 DeepSeek 在这些领域的创新应用，展示其如何通过智能化的数据检索、资源管理和分析工具，助力科研突破、提高专业工作效率，并优化家庭生活的方方面面。无论是学术研究、商业决策，还是家庭健康与学习管理，DeepSeek 都以其独特的技术优势，为用户提供高效且精确的解决方案，促进多个应用场景下的智能化转型与升级。

一、科研论文数据可视化与分析支持

（一）科研数据的智能处理与可视化展示

DeepSeek 作为一款创新的人工智能工具，在科研数据的智能处理及可视化呈现上表现出色。它拥有强大的数据处理与分析能力，为科研人员带来了前所未有的便利，显著提高了科研工作的效率与准确性。如表 6-1-1 所示。

1. 数据预处理与清洗

DeepSeek 能够自动识别数据中的缺失值、异常值和重复数据，并提供清

晰的报告，帮助科研人员快速了解数据质量。此外，DeepSeek 还支持数据的标准化与归一化处理，为深入分析奠定坚实基础。这种智能化的预处理手段极大减少了科研人员的时间投入，并提升了数据分析的精确度。

2．统计分析功能

DeepSeek 具备统计分析能力，涵盖描述性统计、回归分析以及聚类分析等多种方法。科研人员只需输入相关数据，DeepSeek 即可自动进行分析，并生成详细的统计报告。这些报告不仅包含了数据的基本统计信息，还揭示了数据之间的潜在关系和规律。这对于科研人员来说，无疑是一个巨大的助力，使他们能够更快地找到研究方向和突破口。

3．可视化展示

DeepSeek 内置了丰富的图表类型，包括柱状图、折线图、散点图等，便于科研人员将分析结果以直观清晰的方式展示出来。这些可视化图表不仅设计美观，而且信息传达直观易懂，有助于科研人员更有效地讲述数据背后的故事。通过可视化展示，科研人员可以更加清晰地看到数据的分布和趋势，从而作出更加准确的判断和决策。

4．智能推荐与优化

DeepSeek 不仅能够进行数据分析，还能够根据分析结果智能推荐优化方案。例如，在回归分析中，DeepSeek 能够自动辨别各影响因素的重要性顺序，并提供具体的优化策略建议。这种智能化的辅助功能，能让科研人员迅速锁定改进的关键点，显著提高科研工作的工作效率。

5．与商业智能工具的集成

DeepSeek 还支持与 Power BI 等商业智能工具的集成，进一步增强了数据分析和可视化的能力。通过与 BI 工具的结合，科研人员可以实现更复杂的数据分析和交互式可视化，满足多样化的业务需求。这种集成方式不仅提高了数据处理的效率，还拓宽了数据应用的范围。

表 6-1-1　DeepSeek 科研数据的智能处理应用案例

案例领域	DeepSeek 应用步骤	分析结果	应用价值
生物医学研究	1. 数据预处理和清洗，修复缺失值和异常值 2. 聚类分析和可视化展示	发现不同基因表达模式之间的关联性和差异性	为生物学实验和药物研发提供重要线索和依据
环境科学	1. 数据预处理和统计分析 2. 可视化展示	辨析主要污染源及其趋势，直观呈现各区域污染程度及分布状况	为政府制定环保政策和规划提供有力支持
金融风险预测	1. 数据清洗和特征工程 2. 机器学习模型训练和预测	识别高风险客户和潜在违约行为，预测市场波动趋势	为金融机构提供风险预示与决策辅助，优化投资策略

随着人工智能技术的不断进步，DeepSeek 在科研数据的智能处理及可视化表达上的应用展望越发宽广。未来，DeepSeek 将更加注重数据的实时性和动态性，实现更加精准和高效的数据分析和可视化。同时，DeepSeek 将深化与科研机构及企业的协作，携手促进科研领域的革新与进步。

»»（二）科研成果的精准评估与传播策略

在科研成果的评价与推广环节，DeepSeek 扮演着关键角色。凭借卓越的自然语言处理技术和数据分析能力，为科研人员提供了精确的评估手段及有效的传播方案建议。如表 6-1-2 所示。

1. 科研成果的精准评估

科研成果评价乃科研流程的关键一环。DeepSeek 借助自然语言处理技术，能深入剖析科研成果的文本，精准提取核心信息与指标。这些信息和指标可以用于评估科研成果的质量、创新性和实用性等方面。通过 DeepSeek 的精准评估，科研人员可以更加客观地了解自己的研究成果在同行中的位置和水平，从而制订更加合理的后续研究方向和计划。

2. 传播策略的智能推荐

科研成果的传播对学科进步和学术交流至关重要。DeepSeek 能依据科研成果的内容特性及受众需求，智能匹配并推荐适宜的传播方案。例如，对于具有创新性的科研成果，DeepSeek 可以推荐通过学术会议、期刊发表等高端渠道进行传播；对于具有实用价值的科研成果，则可以推荐通过科技成果转化、产学研合作等方式进行推广。这种智能化的传播策略推荐方式，使科研成果能够更快地被更多人了解和认可，从而推动学科的发展和进步。

3. 与学术出版物的合作

DeepSeek 还与多家学术出版物建立了合作关系，为科研人员提供了更加便捷的科研成果发表渠道。科研人员可以将自己的研究成果提交给 DeepSeek 进行审核和评估，如果符合发表要求，DeepSeek 将推荐其发表在合适的学术期刊或会议上。这种合作方式不仅提高了科研成果的发表效率，还保证了科研成果的质量和学术价值。

表 6-1-2　DeepSeek 科研成果的精准评估与传播策略应用案例

案例领域	DeepSeek 应用步骤	分析结果	应用价值
材料科学研究	1. 自然语言处理提取关键信息和指标 2. 对创新性、实用性和学术影响力进行量化评估	科研成果在创新性、实用性及学术影响力上均表现卓越	制定合理的研究方向和传播策略，提升学术声誉和科研资助

续表

案例领域	DeepSeek 应用步骤	分析结果	应用价值
社会科学研究	1. 深入分析研究成果 2. 结合政策需求和受众特点制定传播策略	研究成果引起政策制定者的关注与重视	为政策制定提供支持，提升研究成果的社会影响力
教育评估	1. 数据清洗和特征提取 2. 借助机器学习模型评估学生学习成效	辨识学生学习中的薄弱环节，预估学业成绩走势	为学校及教育机构提供定制化教学指导，以优化教育资源分配

未来，DeepSeek 在科研成果精准评估与传播策略方面的应用将更加深入和广泛。随着自然语言处理技术和数据分析技术的不断进步，DeepSeek 将能够实现对科研成果更加全面和深入的评估和分析。同时，DeepSeek 还将加强与学术出版物和科研机构的合作，共同推动科研成果的传播和应用。

（三）科研合作与资源共享的智能化平台

DeepSeek 不仅为科研人员提供了数据处理和分析的支持，还打造了一个智能化的科研合作与资源共享平台。这个平台通过连接全球各地的科研人员、研究机构和资源，为科研工作提供了更加便捷和高效的合作方式。如表 6-1-3 所示。

1. 科研人员的智能匹配

DeepSeek 的智能匹配系统能够根据科研人员的研究方向、兴趣爱好和成果贡献等因素，智能推荐合适的合作伙伴。这种智能匹配方式不仅节省了科研人员寻找合作伙伴的时间和精力，还提高了合作的效率和成功率。借助 DeepSeek 平台，科研人员能够更便捷地寻得研究伙伴，携手推进科研工作。

2. 研究资源的共享与利用

DeepSeek 平台还提供了丰富的研究资源共享服务。科研人员可以在平台上传自己的研究数据、实验材料和研究成果等资源，并设置共享范围和权限。其他科研人员可以根据自己的需求和权限，在平台上搜索和获取这些资源。此资源共享模式不仅提高了科研资源的利用效率，避免了重复劳动，还提高了科研工作的效能与质量。

3. 在线协作与交流

DeepSeek 平台还支持在线协作与交流功能。科研人员可以在平台上创建项目团队、分享研究进展和讨论问题。通过实时的在线协作和交流，科研人员可以更加高效地开展研究工作，并及时解决遇到的问题。这种在线协作模式不仅提高了科研工作的效率与质量，还增进了科研人员之间的沟通与协作。

表 6-1-3 DeepSeek 科研合作与资源共享的智能化平台应用案例

案例领域	DeepSeek 应用步骤	分析结果	应用价值
跨国科研合作	1. 智能匹配科研团队 2. 共享研究数据和实验材料 3. 在线协作解决关键问题	顺利建立跨国科研团队，取得显著研究成果	提高科研合作效率，推动资源共享与创新协同
医疗健康	1. 数据清洗和特征提取 2. 机器学习模型预测疾病风险	确定高危病患，预估疾病进程	为医疗机构提供精确医疗指导，完善防治策略
市场营销	1. 数据清洗和用户行为分析 2. 机器学习模型优化营销策略	锁定高价值客户群，优化营销布局	提升企业推广效益，削减成本，增加营收

未来，DeepSeek 平台将继续加强智能化和便捷化的建设，为科研人员提供更加高效和便捷的科研合作与资源共享服务。同时，DeepSeek 还将不断拓宽合作范围和资源种类，吸引更多的科研机构和人员加入平台。这将有利于增进全球科研合作与交流，加速科技创新与学科进步。

总之，DeepSeek 在科研数据的智能处理与可视化展示、科研成果的精准评估与传播策略以及科研合作与资源共享的智能化平台等方面均展现出了卓越的能力。其强大的自然语言处理与数据分析能力为科研工作带来了前所未有的便捷与支持。未来，随着人工智能技术的持续进步及应用领域的日益拓宽，DeepSeek 将在科研领域展现出更加关键的作用与价值。

二、专业领域智能化解决方案的定制

随着人工智能技术的飞速发展，DeepSeek 作为一款前沿的智能工具，不仅在科研领域大放异彩，也在众多专业领域中发挥着举足轻重的作用。本节将深入探讨 DeepSeek 在量化投资策略的智能化管理与优化、工业制造与智能制造的智能化升级以及医疗健康领域的智能化诊断与治疗支持等方面的创新应用。

（一）量化投资策略的智能化管理与优化

在金融市场中，量化投资策略以其严谨的数据分析、高效的交易执行和较低的主观风险而备受青睐。DeepSeek 通过其强大的数据处理和机器学习能力，为量化投资策略的智能化管理与优化提供了全新的解决方案。如图 6-2-1 所示。

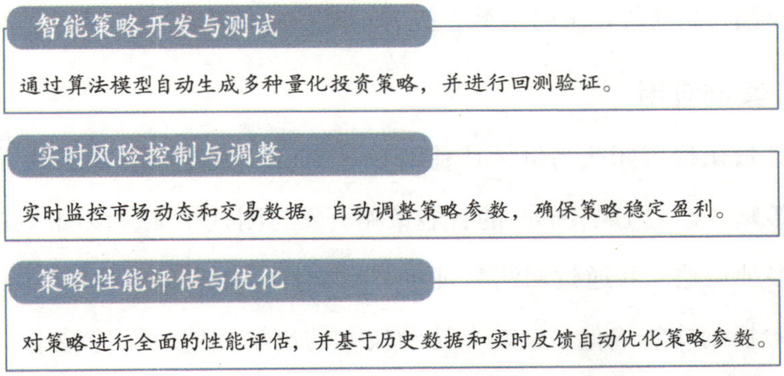

智能策略开发与测试

通过算法模型自动生成多种量化投资策略，并进行回测验证。

实时风险控制与调整

实时监控市场动态和交易数据，自动调整策略参数，确保策略稳定盈利。

策略性能评估与优化

对策略进行全面的性能评估，并基于历史数据和实时反馈自动优化策略参数。

图 6-2-1　DeepSeek 量化投资策略的智能化管理与优化解决方案

1. 智能策略开发与测试

DeepSeek 内置的算法模型能够根据历史数据和市场趋势，自动生成多种量化投资策略，并进行回测验证。这不仅显著缩短了策略研发周期，还增强了策略的多样性与灵活性。同时，DeepSeek 支持用户自定义策略，通过简单的编程接口，用户可以将自己的策略思路转化为实际的交易模型，并进行实时测试和优化。

2. 实时风险控制与调整

金融市场波动频繁，有效控制风险是量化投资策略取得成功的核心要素。DeepSeek 通过实时监控市场动态和交易数据，能够及时发现潜在风险并自动调整策略参数，确保投资策略在复杂多变的市场环境中保持稳定盈利。此外，DeepSeek 还提供了丰富的风险指标和可视化报告，帮助用户全面了解策略的风险状况，为决策提供支持。

3. 策略性能评估与优化

DeepSeek 支持对量化投资策略进行全面的性能评估，包括收益率、波动率、夏普比率等指标的计算和分析。通过这些指标，用户可以直观地了解策略的表现，并找出潜在的改进空间。更重要的是，DeepSeek 能够基于历史数据和实时反馈，自动优化策略参数，提升策略的整体表现。

4. 案例应用

以某量化投资团队为例，其利用 DeepSeek 开发了一套基于机器学习的股票交易策略。通过 DeepSeek 的智能策略开发与测试功能，该团队在短时间内生成了多种策略，并通过回测验证了其有效性。在实盘交易中，DeepSeek 的实时风险控制功能确保了策略在波动较大的市场环境中保持稳定。同时，通过策略性能评估与优化功能，该团队不断调整策略参数，最终实现了较高的收益率和较低的风险水平。

随着人工智能技术的不断进步，DeepSeek 在量化投资策略领域的运用将更加宽广且深入。未来，DeepSeek 将更着重于策略的智能、自动化及个性化发展，为用户提供更精确、高效且定制化的量化投资策略方案。此外，DeepSeek 将强化与金融机构的协作，携手促进量化投资领域的革新与进步。

››› （二）工业制造与智能制造的智能化升级

在工业制造领域，DeepSeek 凭借其卓越的数据处理与机器学习技术，为智能制造的智能化转型提供了坚实助力。如图 6-2-2 所示。

- 数据输入（设备运行数据、历史故障记录）
- 建立预测模型（实时监控设备状态）
- 故障预警与维护建议（降低故障率，延长设备使用寿命）

- 数据输入（生产流程数据、质量检测数据）
- 发现瓶颈与优化建议（提高生产效率）
- 实时质量控制（确保产品符合标准，降低成本）

- 数据输入（市场需求、库存情况、供应商信息）
- 自动调整供应链策略（降低库存成本，提高周转率）
- 确保产品及时供应（提升供应链稳定性）

图 6-2-2　DeepSeek 工业制造与智能制造智能化升级解决方案

1. 智能预测与维护

DeepSeek 能够利用工业设备运行数据及历史故障信息，自动生成预测模型，实时监控并预估设备状态。一旦检测到故障迹象，它就能及时预警并提供维护指导，从而有效降低故障频率，延长设备使用寿命。

2. 生产流程优化与质量控制

DeepSeek 能够利用数据分析深入生产各个环节，识别生产瓶颈与潜在问题，提出有针对性的优化措施。同时，它实时监控并调控产品质量，保证达标。此举显著提高了生产效率与产品品质，且有效控制了成本开支。

3. 智能供应链管理

DeepSeek 能够依据市场需求、库存状态及供应商资料，智能优化供应链策略，维护供应链稳定高效。借由智能预判与调配，DeepSeek 削减库存费用，加速库存流转，同时保障产品准时交付。

4. 案例应用

以某汽车制造商为例，其通过 DeepSeek 实现了生产线的智能化改造。凭借智能预测与维护，该生产商有效减少了设备故障，提高了生产效率。同时，通过优化生产流程及质量控制，该生产商改进了生产步骤，提高了产品质量，并削减了生产成本。另外，智能供应链管理功能助力该生产商实现了供应链的精细管理，加快了供应链的响应速度并增强了其灵活性。

未来，DeepSeek 在工业制造与智能制造领域的应用将更加广泛和深入。随着物联网、大数据和云计算等技术的不断发展，DeepSeek 将能够获取更多、更全面的工业数据，为智能制造提供更精确、高效且定制化的方案。此外，DeepSeek 将深化与工业企业的协作，携手推进工业制造领域的智能化转型与创新发展。

（三）医疗健康领域的智能化诊断与治疗支持

在医疗健康领域，DeepSeek 通过其强大的图像识别、自然语言处理和机器学习能力，为医生的诊断和治疗提供了有力支持。如图 6-2-3 所示。

1. 智能辅助诊断

DeepSeek 能够对医学影像数据进行深度分析，自动识别病变部位和类型，为医生提供辅助诊断建议。这增强了诊断的精确度和速度，并降低了漏诊与

图 6-2-3 DeepSeek 医疗健康领域智能化诊断与治疗支持解决方案

误诊的概率。此外，DeepSeek 还能依据病患的病史及症状，为医师提供定制化的诊断指导。

2. 智能治疗方案推荐

基于患者的诊断结果和病史信息，DeepSeek 能够自动推荐合适的治疗方案。这些治疗方法涵盖了药物、手术、放疗及化疗等多种手段。利用智能推荐系统，医生能更迅速且精确地规划适合患者的治疗方案，从而提升疗效及患者满意度。

3. 患者健康管理与随访

DeepSeek 能够持续监控并分析患者的健康数据，迅速识别潜在的健康风险，并提供预警及建议。同时，DeepSeek 还能够对患者的治疗效果进行随访和评估，为医生提供反馈和调整治疗方案的依据。这促进了患者个性化健康管理的实现，增强了治疗效果，并提高了生活质量。

4. 案例应用

以某大型医院为例，其利用 DeepSeek 对其医学影像中心进行了智能化升级。凭借智能辅助诊断技术，医院显著提升了诊断的精确度和速度，并有效减少了漏诊与误诊的情况。智能治疗方案推荐功能还为医生带来了定制化的治疗建议，从而增强治疗效果和患者的满意度。此外，患者健康管理与随访功能还帮助该医院实现了对患者的全面健康管理，提高了患者的生存生活质量。

未来，DeepSeek 在医疗健康领域的应用前景将更加广阔与深入。随着医学影像技术、基因测序技术和人工智能技术的不断发展，DeepSeek 将能够获取更多、更全面的医疗数据，为医生的诊疗过程提供更为精确、高效且个性化的辅助。同时，它将深化与医疗机构及科研单位的合作，携手推动医疗健康行业的智能化转型与创新发展。

总之，DeepSeek 在量化投资策略的智能化管理与优化、工业制造与智能制造的智能化升级以及医疗健康领域的智能化诊断与治疗支持等方面均展现出了卓越的能力。其凭借卓越的数据处理与机器学习技术，为专业领域带来了创新的智能化方案，促进了相关领域的革新与发展。未来，随着技术的持续飞跃与应用范畴的不断扩大，DeepSeek 有望在更多领域内扮演关键角色，为人类生活带来前所未有的便捷性、高效性和智能化。

三、家庭场景下的个性化智能服务

在快节奏的现代生活中，家庭作为个体生活的基本单位，其成员的学习、教育、健康和生活品质越来越受到人们的重视。DeepSeek 作为一款融合了先进人工智能技术的智能助手，能够在家庭场景下提供个性化的智能服务，助力家庭成员实现更高效的学习、更丰富的教育资源获取、更科学的健康管理以及更高品质的生活体验。本节将详细探讨 DeepSeek 在家庭学习计划的定制与监督、家庭教育资源的智能推荐与共享、家庭健康管理与生活品质的提升策略等方面的创新应用。

（一）家庭成员学习计划的定制与监督

在数字化学习时代，DeepSeek 作为智能教育平台，通过先进的人工智能技术，正在重新定义家庭学习计划的制订与执行方式。这个平台不仅是一个学习管理工具，更是一个全方位的智能学习管家，通过个性化定制和智能监督，为每个家庭成员提供最优的学习解决方案。如表 6-3-1 所示。

表 6-3-1 通过 DeepSeek 定制个性化学习路径的具体操作步骤

步骤	操作	提示语示例	说明
1. 明确学习目标	清晰定义你想学习的内容和期望达到的水平	“我想学习 Python 编程，目标是能够开发简单的 Web 应用”	目标越具体，DeepSeek 越能提供精准的学习建议
2. 评估当前水平	进行自我评估或使用 DeepSeek 的评估工具	“我目前对 Python 有基本了解，但缺乏项目经验”	认识自己的水平能帮助规划合适的学习方案
3. 选择学习资源	根据目标和水平，选择合适的学习资源	“请推荐适合初学者的 Python 在线课程。	DeepSeek 可以根据你的需求推荐课程、书籍、视频等资源
4. 制订学习计划	把学习目标细分成小步骤，并制定时间表	“请帮我制订一个为期 8 周的 Python 学习计划，每周学习 5 小时”	DeepSeek 可以帮助你合理安排学习进度
5. 跟踪学习进度	定期回顾学习内容，评估掌握程度	“我完成了 Python 基础语法学习，请推荐一些练习题巩固知识”	DeepSeek 可以提供测试和练习，帮助你查漏补缺
6. 调整学习路径	根据进度和反馈，及时调整学习计划	“我发现学习进度比预期慢，请帮我调整学习计划”	DeepSeek 可以根据你的学习情况动态调整学习路径

1. 智能诊断：精准把握学习需求

DeepSeek 通过多维度的学习诊断，深入分析每个家庭成员的学习现状。它通过汇集学习者的知识掌握水平、学习习惯、认知特征等数据，并融合教育目标及时间安排，构建出详尽的学习者个人档案。这一诊断方式不仅聚焦于当前的学习进展，还能够预见未来的学习需求。

平台运用先进的学习能力评估模型，精确识别学习者的强项与短板。通过智能化的测试和分析，系统可以量化学习者的各项能力指标，为学习计划的制订提供科学依据。

在个性化需求洞察上，DeepSeek 推动了从“统一标准”向“定制化教学”的转变。它能够捕捉到每位学习者的独特需求，为后续的个性化学习方案设计奠定坚实的基础。

2. 智能规划：定制个性化学习路径

DeepSeek 的学习计划生成模块，能根据诊断信息自动定制个性化的学习规划。该规划不仅涉及学习内容的筛选，还包含学习方法的选择以及学习进度的安排，构建出一条全面的个性化学习道路。

平台运用智能资源匹配技术，能够精准挑选出最适合的学习资源。这种匹配不仅考虑学习目标，还兼顾学习者的兴趣和认知特点，确保学习过程的效率和效果。

在时间管理方面，DeepSeek 可以实现智能化的学习日程规划。系统能够根据学习者的日常安排，自动生成最优的学习时间表，实现学习与生活的平衡。

3. 智能监督：确保学习计划有效执行

DeepSeek 的学习进度追踪系统，能实时关注每个学习任务的完成情况。凭借智能化的数据收集与分析，系统能精确衡量学习进度，迅速发现并处理潜在问题。

平台的反馈机制采用多维度评估指标，不仅关注学习任务的完成度，还重视学习效果和质量。系统运用智能化数据分析，提供精确的学习反馈，帮助学习者不断改进学习策略。

在动态调整方面，DeepSeek 能够智能优化学习计划，根据学习进度和成效自动作出调整，以保障学习目标的达成。

借助智能化技术，DeepSeek正在重塑家庭学习的管理方式，这一转变不仅提高了管理效率，更关键的是实现了学习的个性化和精确匹配。在这个智能教育新时代，每个家庭成员都能获得最适合的学习计划，每个学习者都能得到最有效的学习指导。DeepSeek正运用科技手段，引领家庭学习迈向更科学、高效及个性化的新阶段。这种变革不仅影响当下的学习方式，更将塑造未来的教育形态。

（二）家庭教育资源的智能推荐与共享

在数字化教育的快速发展中，家庭教育资源的获取与运用方式正经历深刻变革。作为智能教育领域的先锋，DeepSeek凭借前沿的人工智能技术，正重新塑造家庭教育资源的分配模式。这个平台不仅是一个教育资源库，更是一个智能化的教育生态系统，精准推荐和智能共享，为每个家庭提供个性化的教育解决方案。如图6-3-1所示。

1. 智能匹配：精准定位家庭教育需求

DeepSeek利用多维度用户画像技术，深入剖析每个家庭的教育需求。通过整合学生的学习表现、兴趣偏好、知识掌握状况等数据，并融合家长的教育愿景，系统绘制出详尽的家庭教育需求全景图。这种需求分析不仅停留在表面，更能洞察深层次的教育诉求。

平台采用先进的推荐算法，能够根据学生的实时学习状态和长期发展轨迹，智能匹配最适合的教育资源。这种匹配不是简单的关键词搜索，而是基于深度学习模型的复杂计算，确保推荐资源的精准性和适用性。

在个性化资源推荐上，DeepSeek成功实现了从“用户主动寻找资源”到“资源主动匹配用户”的转型。系统能够精准预测学生的学习需求，提前推送相关

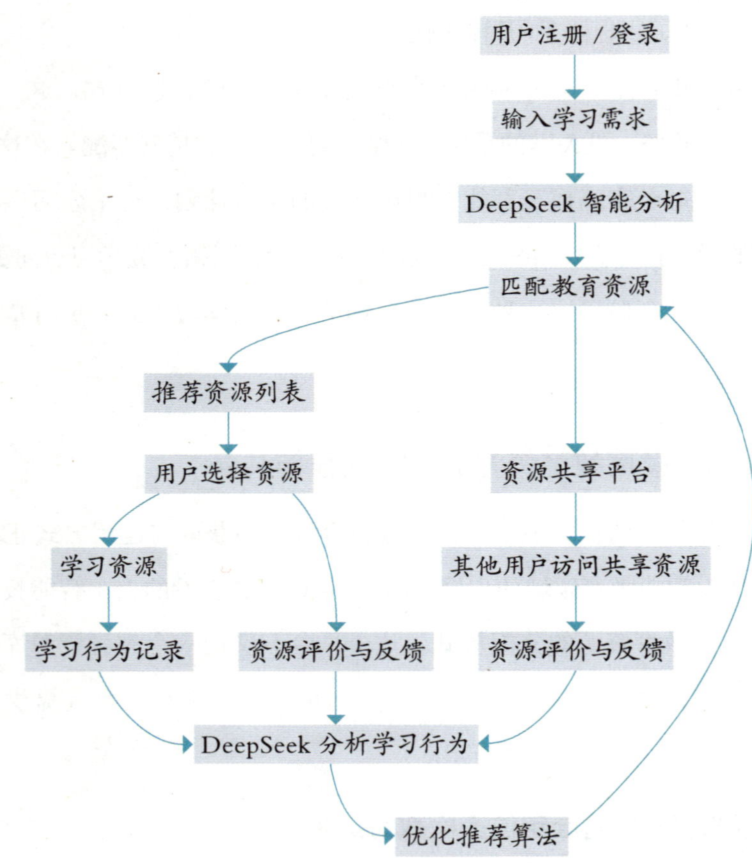

图 6-3-1　DeepSeek 实现家庭教育资源的智能推荐与共享流程图

资源，让教育服务变得更加主动与智能。

2. 资源共享：构建家庭教育资源生态

DeepSeek 建立了完整的教育资源评价体系，通过用户反馈、使用数据等多维度指标，对教育资源进行动态评级。这种评价机制确保了优质教育资源的持续涌现，形成了良性的资源生态。

平台采用智能化的资源整合技术，将分散的教育资源进行标准化处理，构建起统一的教育资源库。这些资源经过深度加工和结构化处理，便于系统进行智能推荐和用户检索。

在资源共享方面，DeepSeek实现了教育资源的智能分发。系统能够根据用户的地理位置、设备条件等要素，选择最优的资源传输方式，确保教育资源的可获得性和使用体验。

3. 效果优化：提高家庭教育质量

DeepSeek的学习路径规划功能，能够依据学生的学习特性和既定目标，定制专属的学习计划。这种方案不是固定的课程表，而是动态调整的学习地图，随着学生的学习进展不断优化。

平台的教育效果评估系统，采用多维度指标对学习效果进行量化分析。通过知识掌握度、能力提升度、学习效率等指标，客观评估教育资源的使用效果，为后续优化提供依据。

在持续优化方面，DeepSeek建立了完整的反馈闭环。系统能够根据使用数据和学习效果，不断调整推荐策略和资源组合，实现教育质量的持续提高。

DeepSeek通过智能化技术，正在重塑家庭教育资源的配置方式。这一变革不仅提高了教育资源的利用效率，更关键的是达成了教育的个性化和精准化。在这个智能教育新时代，每个家庭都能获得最适合的教育资源，每个孩子都能找到最优的学习路径。DeepSeek正借助科技的力量，引领家庭教育朝着更加公平、高效及卓越的方向迈进。这种变革不仅影响当下，更将塑造未来教育的新面貌。

（三）家庭健康管理与生活品质的提升策略

在这个数据驱动的时代，DeepSeek作为新一代智能健康管理平台，以其强大的数据处理能力和深度学习算法，正在重新定义家庭健康管理的标准。这个平台不仅是一个简单的健康数据记录工具，更是一个全方位的智能健康管家，通过持续监测、智能分析和个性化建议，为每个家庭打造专属的健康管理计划。如图 6-3-2 所示。

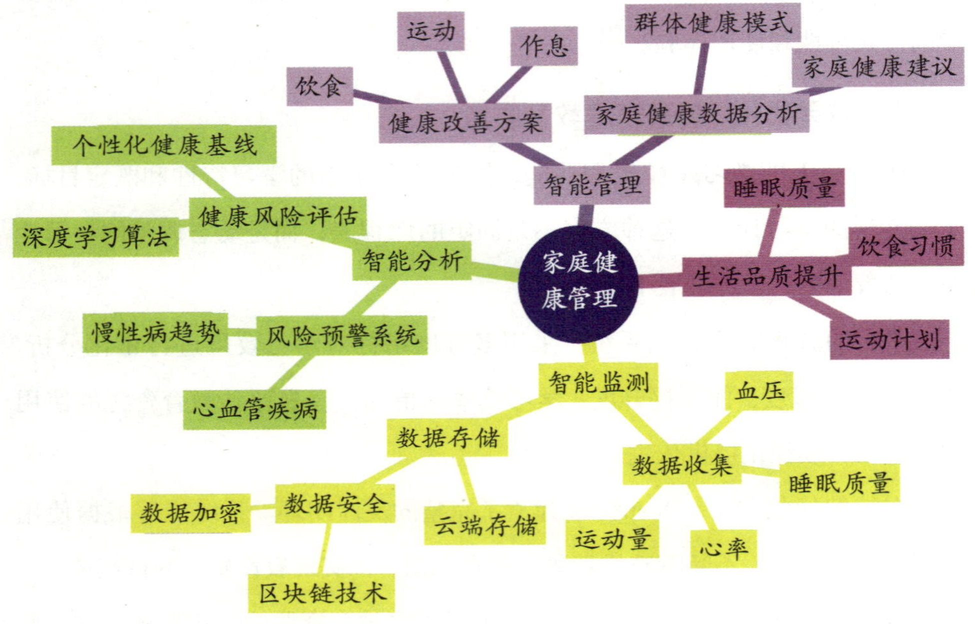

图 6-3-2　DeepSeek 实现家庭健康管理与生活品质的提升

1. 智能监测：构建家庭健康数据网络

DeepSeek 通过智能穿戴设备和家庭健康监测仪器的无缝连接，构建起一个完整的家庭健康数据网络。这个网络能够实时收集每个家庭成员的心率、血压、睡眠质量、运动量等关键健康指标，形成完整的个人健康档案。系统运用前沿的边缘计算技术，保障数据采集的即时性与精确性，为后续的健康状况分析奠定坚实基础。

平台的数据采集范围覆盖日常生活的方方面面，从基础的生理指标到环境数据，构建起多维度的健康数据库。这些经过净化与标准化处理的数据，被安全地保存在云端，为家庭成员提供覆盖一生的健康数据管理服务。

在数据安全方面，DeepSeek采用区块链技术确保数据隐私，所有健康数据都经过加密处理，只有授权用户才能访问，为家庭健康数据提供最高级别的保护。

2. 智能分析：精准识别健康风险

DeepSeek的核心竞争力在于其强大的数据分析能力。平台搭载的深度学习算法能够从海量健康数据中识别出潜在的健康风险，提前预警可能出现的健康问题。系统可以通过持续学习用户的健康数据，建立个性化的健康基线，及时发现异常变化。

平台的风险预警系统能够识别出数百种健康风险模式，从常见的心血管疾病风险到慢性病发展趋势，都能进行准确预测。这种预测不是简单的数据对比，而是基于深度学习模型的复杂计算，准确率远超传统健康评估方法。

在个性化健康评估方面，DeepSeek充分考虑每个用户的年龄、性别、生活习惯等个体差异，提供量身定制的健康评估报告，帮助用户全面了解自身健康状况。

3. 智能管理：提升生活品质的实践路径

DeepSeek的智能干预系统可以依据用户的健康数据，自动生成一套个性化的健康优化计划。这些方案涵盖饮食、运动、作息等多个方面，通过循序渐进的方式帮助用户改善生活习惯。此外，平台还配备了智能提醒功能，确保用户能够持之以恒地执行健康计划，从而取得更好的健康改善效果。

在家庭健康管理方面，DeepSeek提供群体健康数据分析功能，帮助家庭成员相互监督、共同进步。系统能够识别家庭健康模式的共性特征，提供有针对性的家庭健康改善建议。

通过持续的健康管理和优化，DeepSeek 用户普遍反馈生活质量得到显著提高。更好的睡眠质量、更科学的饮食习惯、更合理的运动计划，这些改变共同构成了品质生活的基石。

在这个追求健康的时代，DeepSeek 以其智能化、个性化的健康管理方案，为每个家庭提供了通往健康生活的钥匙。通过持续的数据积累和智能分析，平台不仅帮助用户预防疾病，更重要的是培养了科学的健康管理意识。这种意识的建立，将从根本上改变人们的健康观念，推动整个社会向更健康、更美好的方向发展。

总之，DeepSeek 在家庭场景下提供的个性化智能服务，不仅满足了家庭成员在学习、教育、健康和生活品质方面的多元化需求，还促进了家人之间的互动交流与共同成长。随着科技的日新月异和应用领域的不断拓宽，DeepSeek 将持续创新，为家庭带来更多智能化、便捷化、高效化的生活体验，引领未来家庭生活方式的新潮流。

03

DeepSeek 未来发展与趋势展望

第七章

DeepSeek 使用技巧与优化建议

在数字化时代，DeepSeek 作为一个功能强大的智能平台，为用户提供了高效的数据检索与资源管理服务。然而，随着数据量的增加和用户需求的多样化，如何最大化利用平台功能、优化系统性能成为用户关注的重点。本章将深入探讨 DeepSeek 的使用技巧与优化建议，涵盖数据安全与隐私保护、系统性能优化与资源管理以及故障排查与解决方案。通过掌握这些实用技巧，用户可以显著提高平台的使用效率，确保数据安全与系统稳定，从而获得更流畅、更高效的服务体验。

一、数据安全与隐私保护

（一）数据加密与访问控制

在数字化时代背景下，用户越发重视数据安全。DeepSeek 凭借前沿的数据加密手段及严谨的访问管理策略，确保为用户构筑全面的安全防线。无论是数据传输、存储，还是访问权限管理，DeepSeek 都采用了行业领先的技术手段，确保用户数据在每一个环节都能得到充分保护。

1. 数据加密技术

数据加密是数据安全防护的关键技术。DeepSeek 运用了前沿的加密手段，为数据的传输与存储过程提供了强有力的安全保障。

（1）传输加密

DeepSeek 采用 SSL/TLS 协议来加密数据传输过程。这确保了用户在平台上进行数据交流时，所有信息均经由安全的加密通道传递，有效防范了数据在传输途中被非法获取或恶意篡改的风险。

（2）存储加密

DeepSeek 对服务器上存储的所有数据实施加密保护。无论是用户的个人身份信息、健康监测数据，还是学习历史记录，均被转化为加密格式存储，从而确保即便数据不幸遭遇非法访问，也无法被轻易读取或利用。

（3）端到端加密

对于特别敏感的数据，DeepSeek 还提供了端到端加密功能。这意味着只有数据的发送方和接收方能够解密和查看数据内容，即使是平台本身也无法访问这些数据。

2. 访问控制机制

访问控制同样是保障数据安全不可或缺的一环。DeepSeek 运用多层次的身份验证机制与精细的权限管理体系，严格确保仅有经过授权的用户能够访问特定的数据资源。如图 7-1-1 所示。

（1）身份验证

DeepSeek 支持多种身份验证方式，包括密码、双因素认证（2FA）和生物识别技术（如指纹或面部识别）。这些措施大大降低了账户被非法访问的风险。

- 密码、双因素认证（2FA）和生物识别技术。
- 允许用户对不同类型的数据设置不同的访问权限。
- 记录所有对数据的访问和操作。

图 7-1-1　DeepSeek 访问控制机制

（2）权限管理

该平台赋予用户为不同类型数据自定义访问权限的能力。例如，用户可以设置某些健康数据仅对家庭成员可见，其他数据则完全私密。这种精细化的权限管理机制让用户能够自主掌控数据的访问权限。

（3）审计日志

DeepSeek 提供了详细的审计日志功能，记录所有对数据的访问和操作。用户能够随时追踪并查看数据的访问记录，包括访问者身份及访问时间等详情，以便迅速识别并应对可能存在的安全风险。

3. 数据备份与恢复功能

在数字化时代，数据丢失可能带来不可估量的损失，无论是个人健康记录、学习进度，还是家庭管理信息，一旦丢失都可能对用户造成严重影响。为了防止数据丢失，DeepSeek 提供了全面且自动化的数据备份与恢复功能，为用户的数据安全提供了双重保障。

DeepSeek 的备份机制运用分布式存储策略，定期将用户数据复制到多个不同地理位置的安全服务器中。这种多地点备份策略不仅能够防止因单一服务器故障导致的数据丢失，还能有效应对自然灾害或其他不可抗力事件。用户可以根据自身需求灵活设置备份频率，以保障数据的时效性和完整性。

此外，DeepSeek 的恢复功能设计简洁高效。用户只需通过简单的操作，即可从备份中快速恢复丢失或损坏的数据。无论是误删除、设备损坏，还是系统故障，DeepSeek 都能在最短时间内帮助用户恢复重要信息，最大限度地减少数据丢失带来的影响。

（二）用户隐私政策与合规性

在数据驱动时代，用户隐私保护不仅是法律层面的要求，更是平台应尽的核心责任与使命。DeepSeek 始终将用户隐私置于首位，通过透明的隐私政策和严格的合规性措施，确保用户数据的安全与合法使用。平台不仅遵循全球主要隐私保护法规，如 GDPR 和 CCPA，还为用户提供了灵活的数据控制工具，使其能够自主管理个人信息的共享与使用。

1. 隐私政策

DeepSeek 的隐私政策明确向用户展示个人数据的收集、运用及安全保障方式，确保透明度。隐私政策不仅符合国际标准，还根据用户所在地区的法律法规进行了本地化调整。

（1）数据收集范围

DeepSeek 明确列出了收集的数据类型，包括用户的个人信息、健康数据、学习记录等。平台承诺仅收集实现功能所必需的数据，并在收集前获得用户的明确同意。

（2）数据使用目的

平台详细说明了收集数据的具体用途，如个性化推荐、健康管理、学习计划制订等。DeepSeek 承诺不会将用户数据用于未经授权的目的。

（3）数据共享与披露

隐私政策清晰界定了用户数据共享与披露的具体情况。例如，DeepSeek 可能会在法律要求或保护用户权益的情况下披露数据，但会尽可能减少数据共享的范围。

2. 合规性保障

DeepSeek 严格遵守全球主要隐私保护法规，并通过以下措施确保合规性。

（1）数据保护官（DPO）

DeepSeek 设立了专门的数据保护官，负责监督平台的隐私保护工作，确保所有操作符合相关法律法规。

（2）用户权利保障

根据 GDPR 等法规，DeepSeek 赋予用户多项权利，包括访问、更正、删除个人数据的权利以及反对数据处理的权利。用户可以通过平台提供的工具轻松行使这些权利。

（3）数据跨境传输

对于跨境数据传输，DeepSeek 采取了额外的保护措施，如签订标准合同条款（SCCs），确保数据在传输过程中得到充分保护。

3. 隐私保护

DeepSeek 不仅通过先进的技术手段保障数据安全，还为用户提供了一系列实用的隐私保护建议和工具，帮助用户更好地掌控个人信息的可见性和使用范围。无论是隐私设置、匿名化处理，还是隐私意识培训，DeepSeek 都致力于为用户打造一个安全、透明的使用环境。

（1）隐私设置

用户可以通过平台的隐私设置功能，自定义数据的可见性和共享范围。例如，用户可以选择是否允许平台使用其数据进行个性化推荐，或者是否允许第三方应用访问其健康数据。

（2）匿名化与假名化

DeepSeek 支持对数据进行匿名化或假名化处理，使得数据在分析和使用过程中无法直接关联到具体用户，从而进一步降低隐私风险。

（3）隐私培训与意识提升

DeepSeek 定期为用户提供隐私保护培训，旨在增强用户对数据保护的认识。平台还通过提示和通知，引导用户关注并优化其隐私设置，确保数据安全。

（三）数据安全与隐私保护的最佳实践

在数据安全与隐私保护日益重要的今天，DeepSeek 为用户提供了强大的技术保障和灵活的隐私管理工具。然而，除了平台自身的安全机制，用户的实际操作习惯也至关重要。为了更好地利用 DeepSeek 的数据安全与隐私保护功能，用户可以通过以下做法，进一步提高数据安全性和隐私保护水平，从而最大程度地保障个人信息在使用中的安全。如表 7-1-1 所示。

表 7-1-1　数据安全与隐私保护的实践做法

序号	实践做法	详细说明
1	定期更新密码	尽管 DeepSeek 提供了强大的身份验证机制，但定期更新密码仍然是保护账户安全的基本措施。推荐用户每季度更新一次密码，并选用复杂密码组合以增强安全性
2	启用双因素认证	启用双因素认证（2FA）能显著提升账户安全。建议用户对所有支持此功能的账户启用 2FA，以有效防止未经授权的登录尝试

续表

序号	实践做法	详细说明
3	审查隐私设置	定期审查和调整隐私设置，确保数据的可见性和共享范围符合自己的期望。特别是在使用新功能或服务时，务必检查相关的隐私设置
4	关注隐私政策更新	DeepSeek 可能会依据法律变更及业务需求适时调整隐私政策。建议用户定期查看隐私政策的更新内容，了解最新的数据保护措施
5	查看审计日志	定期查看审计日志，了解谁在何时访问了您的数据。如果发现异常访问记录，及时采取措施，如更改密码或联系平台支持
6	数据备份	尽管 DeepSeek 提供了自动备份功能，但用户也可以考虑定期手动备份重要数据，以防止意外数据丢失

通过以上措施，用户可以最大限度地利用 DeepSeek 的数据安全与隐私保护功能，确保自己的数据在使用过程中得到充分的保护。DeepSeek 将持续努力增强平台的安全与隐私防护，确保为用户提供更安全、更值得信赖的服务体验。

二、系统性能优化与资源管理

（一）调整系统参数以提高检索速度

随着数据量不断增长，快速检索已成为提升用户体验的重要因素。DeepSeek 通过灵活的系统参数配置，为用户提供了优化检索性能的强大工具。通过调整内存分配、线程管理和缓存设置等关键参数，用户可以显著提高数据检索效率，缩短响应时间。

1. 理解系统参数的重要性

系统参数是控制 DeepSeek 运行效率的关键因素。通过合理调整这些参数，可以显著提高数据检索速度，优化用户体验。系统参数包括内存分配、线程管理、缓存设置等，每一项都直接影响系统的响应速度和处理能力。

2. 关键系统参数的调整

通过 DeepSeek 参数的调整，用户可以优化搜索结果的相关性和准确性，从而更高效地满足个性化需求。如表 7-2-1 所示。

表 7-2-1 DeepSeek 关键系统参数的调整

系统参数	调整说明
内存分配	内存是系统运行的基础资源。DeepSeek 允许用户根据实际需求调整内存分配。针对拥有庞大数据量的用户，增加内存配置能有效提高数据处理效率。具体操作可以通过平台设置中的“内存管理”选项进行调整
线程管理	DeepSeek 支持多线程处理，用户可以根据设备的 CPU 性能调整线程数量。增加线程数可以提高并发处理能力，但需注意不要超过设备的 CPU 核心数，以免造成资源浪费
缓存设置	DeepSeek 提供了多级缓存机制，用户可以根据使用习惯调整缓存大小。增加缓存可以加快常用数据的访问速度，但需定期清理，避免占用过多存储空间

3. 优化检索策略

除了调整系统参数，优化检索策略也是提高检索速度的重要方法。DeepSeek 提供多样化检索方式，用户可按需选择最适合的检索模式。

（1）精确检索

适用于需要精确匹配的场景，如查找特定文件或记录。精确检索速度快，但结果范围较窄。

（2）模糊检索

适用于不确定具体关键词的场景，如查找相关文档或信息。虽然检索覆盖范围广，但其信息模糊且速度相对较慢。

(3) 智能检索

DeepSeek 的智能检索模式结合了精确检索和模糊检索的优点，能够根据用户输入自动调整检索策略，提供最优的检索结果。

4. 使用索引优化

索引技术是提高数据检索效率的关键。DeepSeek 支持自动索引功能，用户可以通过以下方式优化索引。

(1) 定期更新索引

随着数据的变化，索引也需要及时更新。DeepSeek 提供了自动索引更新功能，用户也可以手动触发更新，确保索引的准确性。

(2) 优化索引结构

针对特定数据类型，用户可通过自定义索引结构来优化检索效率。例如，对于时间序列数据，可以按时间维度建立索引，加快时间范围检索的速度。

（二）定期清理无用数据与缓存

随着使用时间的增加，DeepSeek 中可能会积累大量无用数据和缓存文件，这些不仅占用存储空间，还可能影响系统性能。因此，定期清理无用数据与缓存是保持系统高效运行的重要措施。通过删除临时文件、过期记录和重复数据以及合理管理缓存，用户可以释放存储资源，优化系统响应速度。

1. 无用数据的识别与清理

(1) 临时文件清理

DeepSeek 在运行期间会创建临时文件，用于数据的缓存与处理。这些文件在使用完毕后应及时清理。用户可以通过平台设置中的“存储管理”选项，查看并删除临时文件。

（2）过期记录清理

对于不再需要的记录，如过期的学习计划、已完成的任务等，用户可以选择手动删除或设置自动清理规则。DeepSeek 提供了灵活的清理选项，用户可以根据需求设置清理周期和范围。

（3）重复数据删除

重复数据既占用存储空间，又可能拖慢检索速度。DeepSeek 支持重复数据检测功能，用户可以通过该功能查找并删除重复数据，优化存储结构。

2. 缓存管理

缓存是提高系统性能的重要手段，但过多的缓存也会占用大量存储空间，影响系统运行。因此，定期清除缓存对于维持系统高效运行至关重要。

（1）缓存清理策略

DeepSeek 提供了多种缓存清理策略，用户可以根据使用习惯选择合适的策略。例如，可以设置缓存自动清理周期，或根据缓存大小手动清理。

（2）缓存优化建议

对于常用数据，建议保留缓存以提高访问速度；对于不常用的数据，可以定期清理，释放存储空间。此外，用户还可以根据数据类型调整缓存大小，确保缓存资源的合理利用。

3. 数据备份与恢复

在清理无用数据及缓存的过程中，务必确保对重要数据的备份。DeepSeek 提供了自动备份功能，用户可以在清理前手动触发备份，确保数据安全。备份数据可以存储在本地或云端，用户可以根据需求选择合适的存储位置。

（1）备份策略

建议用户定期备份重要数据，如健康记录、学习计划等。DeepSeek 提供增量备份与全量备份两种选项，用户可根据数据更新频率灵活选择适合的备份策略。

(2) 恢复操作

在清理过程中，如果误删了重要数据，可以通过备份快速恢复。DeepSeek 的恢复功能设计简洁高效，用户只需选择备份文件，即可恢复数据。

（三）定期检查系统参数、优化检索习惯

通过定期检查系统参数、优化检索习惯、定期清理无用数据以及合理管理缓存，用户可以显著提高平台运行效率，确保数据检索与处理的流畅性。这些最佳实践不仅能够延长系统寿命，还能为用户提供更为高效、稳定的使用体验。如表 7-2-2 所示。

表 7-2-2　定期检查系统参数、优化检索习惯的实践做法

序号	实践做法	详细说明
1	定期检查系统参数	随着数据量和使用需求的变化，系统参数可能需要调整。建议用户定期检查系统参数，确保其与实际需求匹配
2	优化检索习惯	恰当地选择检索模式能显著提高检索效率。建议用户根据实际需求挑选合适的检索方式，以节约资源，避免浪费
3	定期清理无用数据	我们推荐用户每月执行一次无用数据清理，以确保系统保持高效运行状态。清理前务必备份重要数据，防止误删
4	合理管理缓存	缓存是提升性能的关键手段，但需妥善管理。建议用户根据使用习惯调整缓存大小，并定期清理不常用的缓存数据
5	利用索引优化功能	索引是提高检索效率的关键。建议用户定期更新索引，并根据数据类型优化索引结构，确保检索速度

通过以上措施，用户可以最大限度地提升 DeepSeek 的系统性能，优化资源管理，获得更流畅、更高效的使用体验。

三、故障排查与解决方案

（一）常见错误代码与解决方法

在使用 DeepSeek 的过程中，用户可能会遇到一些系统错误或故障提示，这些提示通常以错误代码的形式呈现。理解这些错误代码的含义及其解决方法，是快速恢复系统正常运行的关键。

1. 理解错误代码的重要性

错误代码是系统在运行过程中遇到问题时生成的标识符，能够帮助用户快速定位问题根源。每个代码都对应特定的问题类型和解决方案，通过理解这些错误代码，用户可以更高效地解决问题，减少系统停机时间。

2. 常见错误代码及解决方法

以下是 DeepSeek 用户可能遇到的常见错误代码及解决方法。如表 7-3-1 所示。

表 7-3-1 常见错误代码及解决方法

错误代码	问题描述	解决方法
错误代码 1001：数据连接失败	系统无法建立与数据库或数据源的连接	1. 检查网络连接状态及设备的互联网访问能力 2. 确认数据库或数据源的地址和端口配置是否正确 3. 重启 DeepSeek 服务，重新建立连接
错误代码 2002：内存不足	系统内存不足，导致操作无法成功执行	1. 关闭不必要的应用程序，释放内存空间 2. 增加系统内存分配，通过 DeepSeek 设置中的"内存管理"选项进行调整 3. 清理缓存和无用数据，优化内存使用

续表

错误代码	问题描述	解决方法
错误代码 3003：文件读取失败	系统无法读取指定文件	1. 检查文件路径是否正确，确保文件存在且未被移动或删除 2. 确认文件权限设置，确保 DeepSeek 有权限访问该文件 3. 尝试重新上传文件，或从备份中恢复文件
错误代码 4004：检索超时	数据检索操作超时，未能返回结果	1. 调整检索方案，缩小搜索范围或选用更精准的搜索词 2. 提升系统线程数量，增强同时处理多项任务的能力 3. 验证数据索引的完整性，如有需要则重建索引
错误代码 5005：缓存写入失败	系统无法将数据写入缓存	1. 检查缓存目录的存储空间是否充足，并清除不必要的缓存文件 2. 确认缓存目录的权限设置，确保 DeepSeek 有写入权限 3. 重启系统，重新初始化缓存服务

（二）DeepSeek 常见故障类型及解决方案

随着使用场景的复杂化和数据规模的不断扩大，用户难免会遇到各种故障问题，影响工作效率。下面将深入探讨 DeepSeek 的常见故障类型，包括系统崩溃或无响应、数据处理错误、网络连接不稳定等，并提供切实可行的解决方案，帮助用户迅速恢复系统至正常运行状态，以保障数据分析任务的顺畅进行。

1. 系统崩溃或无响应

系统崩溃或无响应是 DeepSeek 用户最常见的故障之一。这种情况通常表现为软件突然停止工作，界面卡死，或者无法响应任何操作指令。

解决方案：

（1）重启软件：尝试重启 DeepSeek，看是否能恢复正常。

（2）更新软件：检查是否有 DeepSeek 的更新版本，安装最新版本可能修复已知的崩溃问题。

（3）检查系统资源：如果系统资源不足，尝试关闭其他占用资源较多的应用程序，或升级硬件配置。

（4）联系技术支持：如果问题依然存在，联系 DeepSeek 的技术支持团队，提供详细的日志信息和故障描述。

2. 数据处理错误

在数据分析过程中，DeepSeek 可能会遇到数据处理错误，如数据丢失、数据格式不匹配、计算结果不准确等问题。

解决方案：

（1）数据备份：在数据处理之前，先做好全面的数据备份工作，以防数据丢失。

（2）数据校验：在数据处理前，实施数据校验步骤，以保证数据的格式准确无误且完整。

（3）算法更新：确保使用 DeepSeek 的最新算法和数据处理模块，避免因算法问题导致的计算错误。

（4）数据源审核：若数据处理出错是由数据源引起的，应对数据源的完整性和精确性进行核查。

3. 网络连接不稳定

DeepSeek 依赖网络连接进行数据传输和远程计算。网络连接不稳定或中断可能导致数据传输失败、计算任务无法完成等问题。

解决方案：

（1）检查网络连接：确保网络连接正常，尝试重新连接网络或更换网络环境。

（2）优化网络配置：调整网络配置，如增加带宽、优化路由等，以提高网络传输效率。

（3）使用本地计算：如果网络连接不稳定，考虑将计算任务转移到本地进行，减少对网络的依赖。

4．性能下降

随着数据量的增加，DeepSeek 的性能可能会显著下降，表现为处理速度变慢、响应时间延长等。

解决方案：

（1）优化数据处理流程：检查数据处理流程，优化算法和数据处理步骤，减少不必要的计算。

（2）分布式计算：针对大规模数据处理需求，考虑采用分布式计算架构，将任务分散至多个计算单元并行执行。

（3）硬件升级：若当前硬件配置不足以支撑需求，可考虑升级 CPU、内存及显卡等关键硬件组件，以提升系统整体性能。

5．兼容性不足

DeepSeek 在不同操作系统或硬件环境下的兼容性问题也可能导致故障，如软件无法安装、功能无法正常使用等。

解决方案：

（1）更新驱动程序：保持操作系统与硬件驱动程序为最新版，以增强系统兼容性。

（2）使用虚拟机：如果特定环境下的兼容性问题无法解决，考虑使用虚拟机运行 DeepSeek。

（3）联系开发者：如果兼容性问题严重，联系 DeepSeek 的开发团队，提供详细的故障信息和环境配置，寻求解决方案。

（三）DeepSeek 故障排查方法

在使用 DeepSeek 进行数据分析或人工智能任务时，故障的突然出现往往令人措手不及。掌握科学的故障排查方法对于迅速定位问题并恢复系统正常运行至关重要。下面将详细介绍 DeepSeek 故障排查方法，帮助用户高效识别问题根源，以便更好地应对复杂的技术挑战，确保系统稳定运行。如表 7-3-2 所示。

表 7-3-2 DeepSeek 故障排查方法

故障排查方法	方法介绍	操作步骤
系统日志分析	系统日志是排查故障的重要工具。通过查看 DeepSeek 的系统日志，可以了解软件运行过程中的详细信息，包括错误信息、警告信息等	1. 打开 DeepSeek 的日志文件（通常位于安装目录下的 logs 文件夹） 2. 查找与故障发生时间相对应的日志条目。 3. 根据日志中的错误信息，初步判断故障原因
资源监控	资源监控可以帮助用户了解系统资源的使用情况，从而判断是否存在因资源不足导致的故障。用户可选用系统内置或第三方资源监控工具实施监控	1. CPU 占用情况：确认 CPU 是否过度使用，造成系统迟缓 2. 内存占用率：查看内存是否过载，导致系统崩溃或停滞 3. 磁盘读写性能：检验磁盘的读写速率是否达标，是否存在性能瓶颈 4. 网络带宽：检查网络带宽是否充足，是否存在网络拥堵

续表

故障排查方法	方法介绍	操作步骤
网络诊断	对于网络连接问题，用户可以使用网络诊断工具进行排查	1. 连接测试：通过 ping 命令验证与目标服务器的连通性 2. 路由追踪：利用 traceroute 命令查看数据包路由，诊断网络节点是否有问题 3. 带宽检查：借助网络带宽测试工具评估网络带宽是否达标
兼容性测试	对于兼容性问题，用户可以在不同的操作系统或硬件环境下进行测试，以确定故障是否与特定环境相关	1. 操作系统：在 Windows、Linux、macOS 等多种操作系统环境中对 DeepSeek 的运行状态进行测试 2. 硬件配置：在不同硬件配置（如 CPU、内存、显卡等）下测试 DeepSeek 的性能表现

DeepSeek 作为一个强大的数据分析工具，在实际使用中可能会遇到各种故障问题。通过系统日志分析、资源监控、网络诊断和兼容性测试等方法，用户可以快速定位故障原因。针对不同的故障类型，本小节提供了相应的解决方案，并提出了预防措施，从而帮助用户减少故障发生的概率，提高工作效率。

第八章

DeepSeek 未来发展与趋势

DeepSeek 作为领先的智能服务平台，始终以用户需求为核心，致力于通过技术创新和生态建设，为用户提供更高效、更智能的解决方案。本章将深入探讨 DeepSeek 的未来发展与趋势，涵盖产品更新计划与路线图、用户社区与合作伙伴生态。通过前瞻性的规划和开放的合作模式，DeepSeek 将继续引领行业变革，为用户创造更大的价值，推动智能服务的未来发展。

一、产品更新计划与路线图

（一）即将推出的新功能与改进

在快速发展的科技领域，DeepSeek 始终致力于通过创新和技术升级，为用户提供更智能、更高效的服务体验。随着用户需求的不断变化和技术的持续进步，DeepSeek 即将推出一系列新功能与改进，涵盖智能化升级、用户体验优化和数据安全与隐私保护。这些更新不仅将提升平台的功能性，还将为用户提供更加便利与安全的操作体验。

1. 智能化升级

DeepSeek 将在未来版本中引入更强大的智能化功能，进一步提升用户体验。如表 8–1–1 所示。

表 8-1-1　DeepSeek 智能化升级方向

智能化功能	功能说明
智能推荐系统优化	基于深度学习和用户行为数据，DeepSeek 将开发更精确的智能推荐服务。无论是健康管理、学习计划，还是家庭资源管理，系统能根据用户的个性化需求，提供更贴合实际的建议和方案
自然语言处理增强	DeepSeek 将提升自然语言处理能力，使用户能以更贴近日常对话的方式与系统互动。无论是语音指令还是文本输入，系统都能更准确地理解用户意图，提供更智能的响应
预测性分析	通过整合更多数据源和优化算法，DeepSeek 将提供预测性分析功能。例如，在健康管理方面，系统可以预测潜在的健康风险，并提供预防建议；在学习管理方面，系统可以预测学习进度，帮助用户优化学习计划

2. 用户体验优化

DeepSeek 将不断改进用户界面及交互设计，以提升用户体验。

（1）界面个性化定制。用户能根据个人偏好调整界面布局、选择主题颜色和字体大小，创造独一无二的个性化界面。

（2）多设备无缝同步。DeepSeek 将实现多设备间的无缝同步，用户可以在手机、平板、电脑等设备上无缝切换，确保数据和服务的一致性。

（3）交互设计改进。基于用户反馈与数据分析，DeepSeek 将改进交互设计，使操作流程更加简洁，降低用户学习难度，提高操作效率。

3. 数据安全与隐私保护

随着数据安全问题的日益突出，DeepSeek 将在未来版本中进一步加强数据安全与隐私保护功能。

（1）高级加密技术。采用更高级的加密技术，保障用户数据在传输及存储期间的安全性。

（2）隐私保护工具。提供更多隐私保护工具，如数据匿名化、假名化处理，帮助用户更好地保护个人隐私。

（3）合规性增强。持续跟进全球数据保护法规的变化，确保平台始终符合最新的合规要求，为用户提供更安全的使用环境。

（二）长期发展规划与目标

1. 技术创新的持续推进

DeepSeek 将持续加大研发投入，驱动技术创新，确保在行业前沿保持领先地位。如表 8-1-2 所示。

表 8-1-2　DeepSeek 技术创新方向

技术创新	创新说明
人工智能与机器学习	DeepSeek 将增强对人工智能与机器学习领域的研发投入，以提升系统的智能化程度。经过算法与模型的持续优化，系统将能更精准地把握用户需求，提供更加智能的服务体验
区块链技术应用	研究区块链技术如何应用于保障数据安全与隐私，以保证用户信息的透明度与防篡改性
边缘计算与物联网整合	结合边缘计算和物联网技术，DeepSeek 将实现更高效的数据处理和更广泛的应用场景覆盖。例如，在智能家居领域，DeepSeek 可以与物联网设备无缝连接，提供更智能的家庭管理服务

2. 生态系统的扩展与完善

DeepSeek 将致力于打造一个开放协作、互利共赢的生态环境，以吸引更多开发者和合作伙伴的参与。

（1）开发者平台。设立开发者平台，配备多样的 API 接口及开发工具，激励第三方开发者依托 DeepSeek 创造新颖应用，进一步拓宽平台的服务范围。

（2）合作伙伴计划。与各行业的领先企业合作，拓展 DeepSeek 的应用场景。例如，与医疗机构合作，共同推出更为专业的健康管理解决方案；联合教育机构，提供更多元化的学习资源。

（3）用户社区建设。加强用户社区建设，鼓励用户分享使用经验、提出改进建议，形成良性互动的社区氛围。

3. 全球化布局与本地化服务

DeepSeek 将加速全球化布局，同时注重本地化服务，满足不同地区用户的需求。

（1）多语言支持。扩展多语言支持，覆盖更多国家和地区的用户，提高平台的国际化水平。

（2）本地化服务优化。根据不同地区的文化习惯和法律法规，优化本地化服务，确保平台在全球范围内的合规性和用户友好性。

（3）全球数据中心建设。在全球范围内建设数据中心，确保数据处理的低延迟和高可靠性，提升用户体验。

4. 社会责任与可持续发展

DeepSeek 将致力于践行社会职责，促进长远发展。

（1）绿色计算。优化系统资源，降低能耗，倡导和实践环保计算。

（2）数据伦理与隐私保护。在技术进步的同时，重视数据道德准则和隐私保护，保证技术应用与社会伦理及法律规定相契合。

（3）教育与公益。借助技术力量，为教育和公益领域提供支持。例如，提供免费的学习资源，支持偏远地区的教育发展；利用平台技术，支持公益组织的运营和管理。

DeepSeek 的产品更新计划与路线图展现了其在技术创新和用户体验优化方面的坚定承诺。通过智能化升级、界面优化和数据安全增强，DeepSeek 将持续为用户提供更高效、更智能的服务。未来，DeepSeek 将不断突破技术边界，拓宽应用场景，致力于成为用户生活中不可或缺的智能助手，为全球用户创造更美好的数字化体验。

二、用户社区与合作伙伴生态

（一）用户论坛与社区活动介绍

DeepSeek 深知用户社区在技术发展中的重要性，因此致力于打造一个开放、互动的用户论坛与社区活动平台。通过论坛，用户可以交流经验、分享技巧、提出建议，形成一个互助共赢的社区生态。同时，DeepSeek 定期组织线上论坛、线下聚会及社区挑战赛等多样活动，旨在加深用户的参与体验与归属情感。

1. 用户论坛的功能与价值

DeepSeek 的用户论坛是一个开放的交流空间，用户可以在此互动、分享知识并共同学习。通过论坛，用户可以相互帮助、分享使用经验、提出改进建议，从而形成一个活跃的社区生态。

(1) 问题解答与技术支持

用户可以在论坛中提出使用过程中遇到的问题，其他用户或 DeepSeek 的技术支持团队会及时提供解答和帮助。这种互助方式不仅加快了问题的解决速度，还促进了用户间的积极交流。

(2) 经验分享与最佳实践

论坛中有许多资深用户分享他们的使用经验和最佳实践，帮助新用户更快上手，提高使用效率。这些分享内容广泛，从基础操作到高级技巧一应俱全，为用户带来了丰富多样的学习资源。

(3) 功能建议与反馈收集

DeepSeek 非常重视用户的反馈，论坛中设有专门的板块供用户提出功能建议和改进意见。这些反馈将被纳入产品开发计划，帮助 DeepSeek 不断优化和升级。

2. 社区活动的组织与参与

为了进一步增强用户社区的凝聚力，DeepSeek 将定期组织各种线上和线下活动，鼓励用户积极参与，共同推动社区的发展。如表 8-2-1 所示。

表 8-2-1　DeepSeek 社区活动的组织

社区活动	活动说明
线上研讨会与培训	DeepSeek 定期举办线上研讨会与培训课程，邀请业界专家及资深用户，共同探讨最新技术趋势并传授实用技巧。这些活动不仅帮助用户提升技能，还为他们提供了与专家互动的机会
线下用户见面会	DeepSeek 在全球多个城市举办线下用户见面会，为用户提供面对面交流的机会。这些活动通常包括产品演示、技术讲座和互动环节，帮助用户更深入地了解 DeepSeek 的功能和应用
社区挑战与竞赛	DeepSeek 常设社区挑战与竞赛，旨在激发用户的创造潜能与参与兴趣。例如，用户可以提交使用 DeepSeek 的创新案例，参与评选并赢取奖励。此类活动不仅可以增强用户活跃度，也能够营造社区内的健康竞争氛围

3. 社区管理与激励机制

为了确保用户论坛和社区活动的健康发展，DeepSeek 将建立一套完善的管理与激励机制。

（1）社区管理团队

DeepSeek 设有专门的社区管理团队，负责论坛的日常管理和活动组织。管理团队会定期检查论坛内容，以保障讨论的优质与有序进行。

（2）用户等级与奖励机制

DeepSeek 设立用户等级与奖励机制，以鼓励用户踊跃参与社区活动。用户通过发帖、回复、参与活动等方式积累积分，提升等级，并获得相应的奖励和特权。

（3）社区贡献者计划

DeepSeek 推出了社区贡献者计划，表彰那些在社区中作出突出贡献的用户。贡献者不仅会获得荣誉和奖励，还有机会参与 DeepSeek 的产品测试和开发，与团队直接互动。

（二）合作伙伴与生态系统建设

DeepSeek 深知，单靠自身的力量难以满足用户多样化的需求。因此，与各行业领军企业构建合作伙伴关系，是 DeepSeek 未来战略规划的关键一环。通过合作伙伴的协同创新，DeepSeek 能够拓宽应用场景，提高服务质量，实现共赢发展。

1. 合作伙伴的类型与合作模式

DeepSeek 的合作伙伴遍布技术供应、内容创作、服务提供等多个领域。与这些多样化的合作伙伴携手，DeepSeek 将能够为用户提供更加周全的服务体验。

(1) 技术合作伙伴

DeepSeek 与技术提供商携手，吸纳前沿技术与解决方案，以增强平台的技术实力。例如，与人工智能企业合作，精进智能推荐算法；与区块链企业联手，加固数据安全及隐私防护体系。

(2) 内容合作伙伴

DeepSeek 与内容提供商合作，充实平台的内容储备。例如，与教育机构合作，提供优质的学习资源；与健康机构合作，推出专业的健康管理资讯。

(3) 服务合作伙伴

DeepSeek 与服务提供商合作，拓宽平台的服务范围。例如，与智能家居企业合作，推出智能家庭管理服务；与金融服务公司合作，提供智能财务管理解决方案。

2. 生态系统建设的目标与策略

DeepSeek 致力于生态系统建设，其目标是通过开放的平台及合作模式，吸引更多开发者和合作伙伴的加入，携手共创一个蓬勃发展的生态系统。

(1) 开放平台与 API

DeepSeek 将推出开放平台，提供丰富的 API 和开发工具，鼓励第三方开发者基于 DeepSeek 开发创新应用。借助开放平台，DeepSeek 能够迅速拓宽功能边界，灵活应对用户的多元化需求。

(2) 合作伙伴计划

DeepSeek 将推出合作伙伴计划，为合作伙伴提供技术、市场和资金支持，帮助他们更好地与 DeepSeek 协同发展。合作伙伴计划将全面覆盖技术协作、市场推广、资源互通等多个维度。

(3) 生态系统治理

为保障生态系统的稳健前行，DeepSeek 将构建一套全面的治理体系。通过制定明确的规则和标准，确保合作伙伴和开发者的行为符合平台的要求，维护生态系统的秩序和公平。

3. 生态系统建设的未来展望

DeepSeek 的生态系统建设不仅是为了提升平台的服务能力，更是为了推动整个行业的发展。通过开放合作和协同创新，DeepSeek 希望能够引领行业变革，推动技术进步，为用户创造更大的价值。如图 8-2-1 所示。

图 8-2-1　DeepSeek 生态系统建设的未来展望

(1) 行业标准的制定

DeepSeek 将主动投身行业标准的制定工作，致力于技术的规范化与标准化进程。通过制定行业标准，DeepSeek 能够为整个行业的发展提供指导，促进行业的健康发展。

(2) 技术创新的推动

DeepSeek 将持续增强对技术革新的投资力度，加速人工智能、区块链、物联网等尖端技术的实际应用。依托技术创新，DeepSeek 致力于为用户提供更加智能、高效的服务体验。

（3）全球化的扩展

DeepSeek 将加速全球化布局，与全球的合作伙伴和开发者共同打造一个全球化的生态系统。通过全球化扩展，DeepSeek 能够为全球用户提供更优质的服务，实现更广泛的影响力。

DeepSeek 通过用户社区与合作伙伴生态的建设，正在构建一个开放、共赢的生态系统。用户论坛和社区活动不仅增强了用户之间的互动与学习，还为产品优化提供了宝贵反馈。同时，与各行业顶尖企业的携手合作，极大地拓宽了 DeepSeek 的应用场景并提升了其服务能力。未来，DeepSeek 将继续推动社区与生态的协同发展，为用户创造更智能、更高效的服务体验，引领行业创新与变革。